AF497611

Viajeal**Centro**de**la**Ciencia

Primera edición: 2012
Primera reimpresión: 2021

Colección dirigida por Juan Tonda
Diseño de la colección: Miguel Marín
Diseño de portada: Miguel Marín
Formación: Gina Coria
Cuidado de la edición: Juan Tonda

D.R. © 2012, ADN Editores, S.A. de C.V.
Estrella del Sur 150, Col. Rancho Tetela
62160 Cuernavaca, Morelos, MÉXICO
juantonda54@gmail.com
Tel. (52) 5554006326

ISBN: 978-607-7507-20-8

La primera edición se coeditó con la Dirección de Publicaciones del Consejo Nacional para la Cultura y las Artes.

ADN

La química es puro cuento

Plinio Sosa Fernández

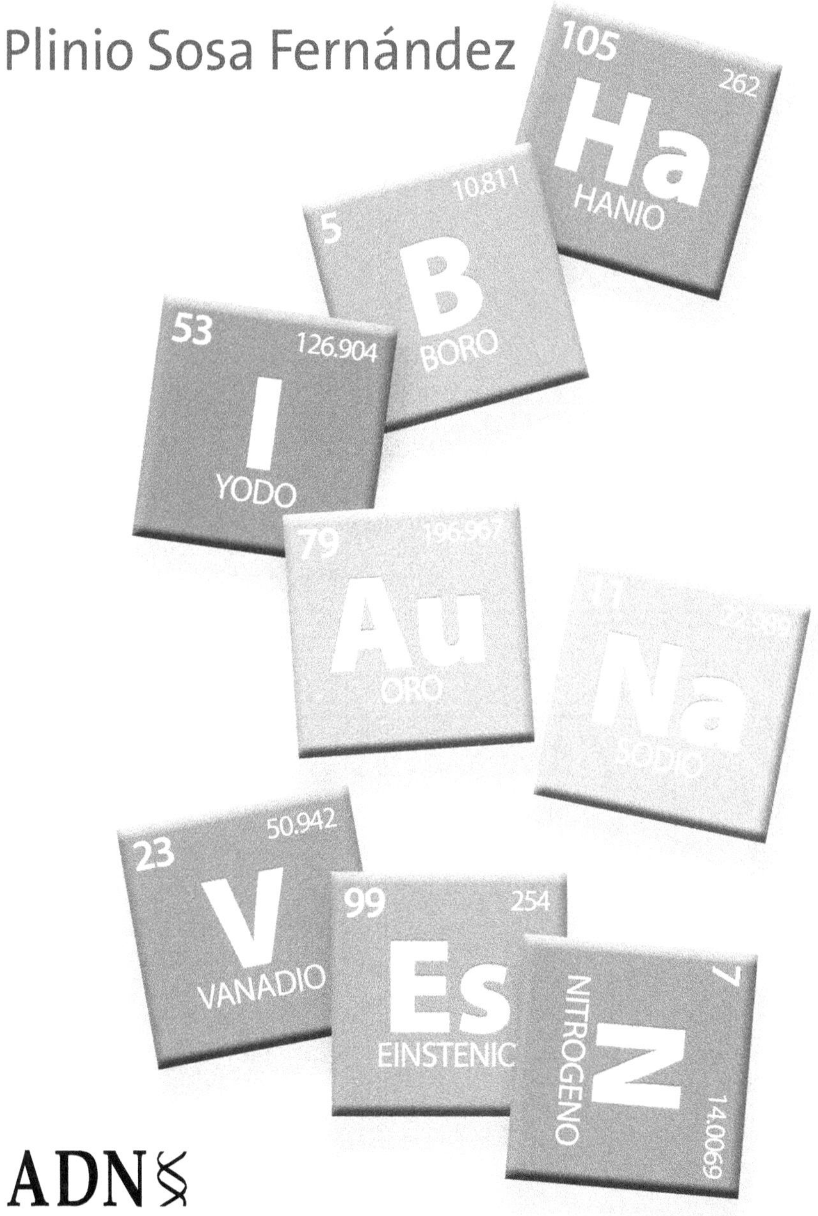

ADN

Índice

Prólogo

Triste suerte la de la malquerida química. Todo el mundo habla mal de la pobre. Que si la contaminación, que si los conservadores, que si las drogas. Química es sinónimo de nocivo, de dañino, de artificial.

Pero no es por esto que no se le quiere. Su supuesto impacto negativo sobre la naturaleza es, en realidad, *pecata minuta*. Su verdadero pecado —por lo que se le odia, por lo que no se le perdona— es porque se le considera a-bu-rri-dí-si-ma. Todos hemos padecido aquellas interminables clases donde el profesor saturaba el pizarrón con ese cúmulo de jeroglíficos indescifrables mal llamados química.

¡Pero esto no es química, caramba! La química es de colores, tiene sabor y olor. Cabe en un matraz y en un reactor. Sabe dulce y salado. Huele a flor y a huevo podrido. Es algodón y acero. Es fría y caliente. Es imán y es chispa. Es campo y es urbe. Es pasado y futuro. Es electrón y supernova. Es esto y mucho más. Todo lo que se quiera. Pero nunca unos jeroglíficos flotando, sin más, por encima del mundo.

Triste suerte la de la malquerida química. Todos hablan mal de ella pero pocos la conocen. Es decir, la odian sin conocerla. Y claro lo que realmente odian —odiamos, dijo el otro— son esos absurdos jeroglíficos.

Quizá si se conociera lo que es de verdad la química y su intensa relación con lo cotidiano, cambiaría algo su triste suerte. Quizá conociéndola se logre que esta malquerida sea odiada por méritos propios y no adoptados de la metafísica.

Quizá por eso buena parte de mi trabajo académico la he dedicado a contar historias sobre la química y mezclarlas y confundirlas con otras historias y otros cuentos. Esas historias las he publicado en diversas revistas y periódicos: principalmente en *Sonárida* (antes Horizontes) pero también en *¿Cómo ves?* y en el periódico *El Financiero*. Y, ahora, he decidido verterlas en uno de estos matraces de letras y papel (que no son otra cosa los libros), con la esperanza de que las palabras hagan su magia y se produzca una vistosa y espectacular reacción.

Quizá no sea tan contradictorio, entonces, que exista un lugar (¡este libro!) donde convivan amigablemente la química, la literatura y otras cosas más.

Plinio Sosa

Son tus perjúmenes, mujer

El vertiginoso siglo XX —entre guerras, avances tecnológicos y conmociones políticas— se ha llevado consigo las tradiciones. ¿Quién recuerda el nombre de todos y cada uno de los panes y bizcochos mexicanos? Hace mucho tiempo que todos se llaman igual: Tía Rosa. Las piñatas, por ejemplo, ya no son exclusivas ni de las posadas ni de México. La típica canción de dale, dale, dale ahora termina más o menos así: … ya le diste tres y tu tiempo se acabó. Ya no hay serenatas, la gente ya no habla en el camión, las tortillas y el pan se compran en el súper, el cine se ve en la casa, etcétera.

Hasta la ciencia es diferente. El científico de ahora es algo así como un hombre de negocios … pero sin negocio ni ganancias. El científico al igual que el hombre de negocios vive angustiado por la productividad: ¡hay que producir mucho y rápido! Antes no. Antes la ciencia se saboreaba, se disfrutaba, se rumiaba.

Así la química, por arte y magia del progreso, se ha convertido en un conjunto de jeroglíficos blancos que se prenden y se apagan sobre un enorme pizarrón verde. Pero la química de a *deveras* no es así. La química se ve, se siente. Es de colores, a veces caliente, a veces fría. La química tiene mucho sabor. Y olor. La química huele. Huele a recuerdos: la casa de los abuelos, el viaje a Acapulco, el hocico del *Pickles*, aquel Chapultepec, los pliegues de la piel. ¡Ah, la piel! ¿Qué rico huele la piel?

Y es que el olfato, más que ningún otro sentido, tiene la capacidad de revivir el pasado. El olfato —quizá nuestro sentido más primitivo— funciona en forma diferente a como lo hacen los otros cuatro. La información que envían estos sentidos se interpreta en el tálamo, una región profunda del cerebro. En cambio, los mensajes del olor llegan directamente al área del cerebro que determina las emociones, la creatividad y la memoria. Por eso un olor puede desatar instantáneamente un sentimiento, una emoción o un lejano recuerdo.

La química de antes se hacía con las manos. Por eso los antiguos aprendieron a capturar los olores. Ponían a remojar las olorosas flores en grasa fundida. Cada determinado tiempo (varias horas), las flores se iban reemplazando por otras frescas, hasta saturar la grasa con las sustancias químicas responsables del olor, constituyentes del llamado *aceite esencial*. Luego dejaban enfriar y agregaban alcohol. Después separaban la grasa y ahí estaba ya, prisionero en el alcohol, un recuerdo o un sentimiento.

El proceso de *maceración*, que así se llama esta antigua técnica es... ¡pura química! Las sustancias del aceite esencial sólo son solubles en la grasa cuando ésta está caliente. Por eso, en la primera etapa, abandonan la flor y se disuelven en la grasa fundida. En cambio, son muy solubles en el alcohol. Por eso, al enfriar y agregar este disolvente, abandonan la grasa y se disuelven en él.

La solubilidad de las sustancias es consecuencia de un sutil y complicado juego de atracciones y repulsiones eléctricas. Todas las sustancias de la naturaleza están formadas por una parte positiva (los núcleos atómicos) y una negativa (las nubes electrónicas). Así como la riqueza está mal repartida en este nuestro desdichado México, del mismo modo, las nubes electrónicas rara vez se reparten equitativamente entre los núcleos. Por lo tanto, las moléculas de muchas sustancias presentan un polo negativo y un polo positivo, es decir son polares. Dependiendo de cómo es esta distribución, las moléculas pueden ser muy polares, poco polares o, si es equitativa, no polares. La polaridad de las moléculas es la responsable de la solubilidad de las sustancias. En general, los solutos se disuelven en disolventes de polaridad similar.

La química de ahora, la de a *deveras*, también se hace con las manos. Ahora se utilizan otros instrumentos y otras técnicas pero los principios son los mismos. Los químicos de hoy han podido identificar no sólo los principales componentes de los aceites esenciales sino, inclusive, aquéllos que se encuentran en pequeñas cantidades. Además, al conocer la identidad de dichos compuestos, los químicos han logrado sintetizarlos en el laboratorio a partir de unas cuantas materias primas. El *eugenol* del clavo, el *cinamaldehído* de la canela, el acetato de bencilo del jazmín, el *geraniol* de las rosas y el *linalool* de la lavanda son compuestos orgánicos que se pueden sintetizar con relativa facilidad en los laboratorios químicos. Además de los que desprenden estos y otros productos naturales, el hombre ha creado otros olores completamente nuevos a partir de compuestos que no existían en la naturaleza.

La gran ilusión de Jean Baptiste, el personaje carente de olor de *El Perfume* de Patrick Süskind era fabricar su propio olor. Yo, me conformaría con un perfume que me hiciera recordar todos los nombres de los panes, la letanía de las posadas y las pláticas en la cola de las tortillerías.

Pobrecitos, los marines

Imaginemos a un intrépido marine estadounidense, en medio del desierto, en campaña. Pobre, está lejos de su patria, lejos de su hogar y de su familia. Y además tiene hambre. Y no tiene nada que comer... excepto su paquete MRE (*Meal, Ready-to-Eat*) que, normalmente consiste de un guisado de pollo (o spaghetti) y bolas de carne. El bravo soldado escoge su ración, se la lleva a la boca y... ¡oh tragedia! está fría. ¿Cómo la vida puede ser tan cruel con un valiente? ¿Por qué el destino se ensaña así con la gente buena?

No, no. Eso no se puede permitir. ¿Para qué está el progreso? Algo se tiene que hacer. Y se hizo. Los pobres marines, que entraron en acción en la tristemente célebre guerra de 1991 contra Irak, ya no sufrieron más. Gracias a los esfuerzos del *U.S. Army Natick Research, Development and Engineering Center* y de la *Zesto Therm* (una compañia en Cincinnati), estos desvalidos combatientes pudieron ingerir comida caliente y, de este modo, aliviar en algo la terrible circunstancia de hallarse tan lejos de cualquier Mac Donalds.

Para garantizar comida caliente, en el campo de batalla, los investigadores diseñaron una laminilla de plástico generadora de calor. Esta laminilla contiene una especie de hule espuma en cuyos poros se encuentra una sustancia química que, al mezclarse con agua, produce calor. Los soldados simplemente colocan la laminilla generadora de calor sobre el paquetito de comida, luego meten ambos dentro de una bolsa de plástico y, finalmente, agregan unos 30 ml de agua. Se esperan entre 12 y 15 minutos hasta que la comida alcanza una temperatura cercana a los 60 °C. Ahora sí, desde hoy y para siempre, ningún esforzado marine volverá a vivir la terrible experiencia de ingerir comida fría, ni antes ni después de librar al mundo libre de otro *Homo sapiens* en vías de desarrollo.

"Maldita ciencia", podría uno decir. "Sólo para eso sirve: ¡para fregar!". Pero, cuidado, la ciencia, un término abstracto, no piensa, no decide, no ejecuta. Los que piensan, deciden y ejecutan son gente de carne y hueso. *"Una comida caliente es una gran motivación para un soldado en el campo de batalla"*. Esto no lo dijo La Ciencia. Esto lo dijo Donald Pickard el responsable de esta investigación. No, no hay ciencia mala ni ciencia buena. Lo que hay son científicos, no sólo de carne y hueso, sino con una posición política e ideológica, en algunas ocasiones, muy claramente definida, como es el caso de este Donald Pickard.

Más por justicia hacia la malquerida química que por fines didácticos, me gustaría platicar el fundamento químico de estas laminillas generadoras de calor. En una reacción química, se necesita separar los átomos que forman a las moléculas originales y, luego, volver a unirlos para formar las nuevas moléculas. Romper los enlaces siempre cuesta energía. Y al revés, en la formación de enlaces siempre se libera energía. Se trata siempre de un balance de energía. ¿Cuál energía es mayor: la que se necesita o la que se libera? Si es más la que se necesita, entonces, el resultado neto es que la reacción consume energía. Para que se lleve a cabo, se requiere calentar. A este tipo de reacciones se les conoce como *endotérmicas* y se representan así:

$$\text{reactivos} + \text{calor} \rightarrow \text{productos}$$

Por el contrario, cuando es más la energía que se libera que la que se necesita, el resultado neto es que sobra energía. La reacción además de ser espontánea, proporciona energía. A este tipo de reacciones, se les da el nombre de *exotérmicas* y se representan del siguiente modo:

$$\text{reactivos} \rightarrow \text{productos} + \text{calor}$$

Este es el principio de los combustibles. Al ser quemados, los enlaces químicos de las moléculas del combustible se rompen para producir bióxido de carbono, agua y calor.

Existen algunas reacciones que pueden revertirse, es decir, en ciertas condiciones los productos se pueden transformar en reactivos. Se conocen como reacciones reversibles. Éstas son especialmente interesantes puesto que se puede tener un sistema que en ciertas condiciones absorbe energía y, en otras, la libera. Esta propiedad, por ejemplo, es muy conveniente para los organismos vivos. En ellos, el intercambio de energía se realiza a partir de la interconversión del *trifosfato de adenosina* (ATP) y del *difosfato de adenosina* (ADP):

$$\text{ATP} + \text{agua} \rightleftarrows \text{ADP} + \text{fosfato} + \text{energía}$$

Dicho de una manera simple, cuando el sistema necesita absorber energía se forma ATP y, cuando se requiere liberarla, se forma ADP.

En el caso de la laminilla generadora de calor, se trata de una reacción exotérmica. El magnesio, Mg, un metal bastante reactivo reacciona directamente con agua, H_2O, para dar hidróxido de magnesio, $Mg(OH)_2$, hidrógeno molecular, H_2, y calor:

$$Mg + 2\,H_2O \rightarrow Mg(OH)_2 + H_2 + \text{calor}$$

Unos cuantos trocitos de magnesio, distribuidos en el hule espuma, son suficientes para calentar 30 mililitros de agua hasta alcanzar una temperatura de 60 °C, puesto que para hervir un litro de agua, no se necesitan más que escasos 24 gramos de dicho metal.

Volvamos con nuestro científico de carne y hueso: *"Poder calentar los paquetes MRE, en pleno campo de batalla, ha sido un gran descubrimiento"*, dice Pickard. *"Los soldados siempre han hecho bromas sobre la comida militar. Es de gran calidad, pero se puede tener la mejor comida del mundo que, si se sirve fría, a la gente no le gusta. Cuando tú calientas un MRE, eso es bueno"*. Esta es la gran preocupación de Donald Pickard. Y claro, con aquellas comidas frías... ¡pobrecitos los marines!

Vibración de cocuyos...

La Antigua

¿Alguna vez, de súbito, le ha invadido una incontrolable necesidad de comer unos *langostinos a la diabla*? A mí tampoco. Pero, vamos, juguemos un poco ¿qué haría usted si estando de vacaciones en Zacatecas se le antojara ese manjar? Yo pediría otra cerveza y, calladamente, evocaría el mar. Luego, me dejaría llevar por el recuerdo y aprovechando la falta de peso de la imaginación me iría volando hacia la costa, hacia el Golfo de México, hacia la Antigua Veracruz.

La Antigua Veracruz. No la de ahora, la que todos conocemos, la del malecón y sus portales. No. Más bien la primera Veracruz, la de la enorme ceiba donde Cortés amarró su barco. La de la casa del conquistador que, luego, con el tiempo quedó sepultada bajo la tierra. La Veracruz donde frondosas ceibas, indolentes, sin importarles el papel histórico que luego jugaría Don Hernando, decidieron crecer encima de su casa abandonada. La Antigua Veracruz, ese paraíso terrenal que hoy simplemente se llama así, La Antigua.

Y, entre sorbo y sorbo, sobrevolaría el tranquilo mar veracruzano y buscaría el lugar donde el río se confunde con el mar. Y, desde lo alto, atravesaría esas increíbles dunas que separan al mar de la Antigua. Y me iría río adentro hasta avistar las primeras casitas. Y descendería en el restaurante Bertita. Y, ya estando ahí, en La Antigua, pediría otra cerveza. Y luego ella pediría sus langostinos a la diabla y yo, un filete de caracol gratinado.

Antes de regresar a Zacatecas, iríamos, como siempre, a visitar la primera iglesia que se construyó en el continente. ¿Volando o caminando? ¡Caminando! Caminando, de noche, por las calles empedradas de La Antigua, dejándonos guiar por las luciérnagas.

La luz fría

Luciérnagas... ¡luciérnagas! Son unos bichos maravillosos. Son unos animalitos que producen luz fría. Sí, emiten luz pero no calor. Los focos, las fogatas, El sol emiten luz y calor. Pero las luciérnagas, no. ¡Nada más emiten luz!

Bueno, no sólo las luciérnagas. Existe un pequeño crustáceo ("la pulga luminosa", *fireflea*, en inglés) en los océanos que puede generar una tremenda cantidad de luz y comunicarse con otros de su propia especie e, incluso, con sus depredadores. Los machos atraen a las hembras emitiendo pulsos de luz sincronizadamente. Además, un grupo de estos crustáceos puede emitir una sola y larga ráfaga de luz, probablemente como una señal de alarma.

Este fenómeno de *luminiscencia* también se presenta en algunas bacterias. Algunos organismos superiores usan la luz de las bacterias para cazar a sus presas y asustar a sus depredadores. Por ejemplo, existe un pez que tiene un receptáculo con bacterias luminosas cerca de sus ojos. Las bacterias brillan todo el tiempo pero el pez puede cubrir y descubrir el receptáculo con unas cortinillas de piel. Aprovechan la luz para buscar su alimento, centellean para atraer a otros de su especie y confunden a sus depredadores emitiendo una ráfaga de luz y cambiando de dirección rápidamente. Este pez vive a gran profundidad donde la oscuridad es completa.

El pez dragón negro es aún más complejo. Emite una luz roja que muchas otras especies no pueden ver. El pez dragón puede ver a su presa, pero ésta... ¡no lo puede ver a él!

Como Lucifer... pero más chiquitas

Perdón por la digresión. ¿Dónde estábamos? Ah, sí. Una caminata, entre una valla de ensombrecidas ceibas, bajo una oscura noche salpicada de efímeras bengalas. Lucecitas sin calor. Lucecitas frías. Químicas. Atómicas. ¿De dónde sale la luz de los cocuyos?

En efecto. De los átomos. Los átomos —y las moléculas— pueden estar en diferentes *estados* (valga la redundancia). Es como un lápiz de colores. Puede estar horizontalmente sobre la mesa o puede estar en forma vertical (con muchos trabajos pero se puede). No obstante, ambos estados no tienen la misma energía. En el estado *acostado*, el lápiz está estable. Sin embargo, en el estado *parado*, el lápiz no está estable: ¡se puede caer! Es decir, tiene energía almacenada (o potencial) que puede convertir en movimiento (energía cinética). El estado *parado* tiene más energía que el estado *acostado*. Eso hace caer al lápiz y lo hace pasar del estado de más energía al de menor. Pararlo cuesta trabajo porque tiende a caer. Hay que darle energía para volverlo a parar. Cuando se cae libera la misma cantidad de energía que le dimos (que absorbió) al levantarlo.

Lo mismo pasa con los átomos y las moléculas. Cuando absorben energía, alcanzan otro estado en el que sus nubes electrónicas se distribuyen de una manera distinta (menos estable). Sin embargo, pronto se regresan al estado de más baja energía. La energía que se libera cuando las especies químicas regresan a su estado de menor energía, no genera movimiento sino luz.

En el caso de las bacterias y las luciérnagas, las sustancias que absorben energía y luego la liberan en forma de luz, son compuestos orgánicos que se conocen con el término genérico de *luciferinas*. Estos compuestos emiten luz en presencia de oxígeno, de ATP (adenosín-trifosfato) y de una enzima llamada *luciferasa*. El ATP proporciona la energía para que las moléculas de luciferina pasen de su estado original a uno de mayor energía. La luciferasa es un catalizador biológico que hace que la reacción ocurra más rápidamente. Finalmente, al regresar a su estado base, la luciferina emite la luz. Este proceso se conoce como *quimioluminiscencia* (o *bioluminiscencia*, cuando se da en seres vivos) y es uno de los pocos en el que se genera luz sin calor.

Otra vez La Antigua

Y entonces, envueltos en una nube de cocuyos, elevarnos y viajar de regreso hacia Zacatecas. Posarme suavemente sobre mi asiento, pedir otra cerveza y pensar en subir, más tarde, al cerro de La Bufa.

Eso es lo que yo hubiera hecho. Pero no lo hice. Porque a mí no se me antojaron los langostinos a la diabla sino a la Comandante en Jefe... Y ella no es tan soñadora... Por cierto, ¿alguien sabe cómo puedo llegar, de la manera más fácil, de Zacatecas a Veracruz?

Bloqueadores de Sol

Imagínese usted, que salió bien librado de la cuesta de enero. Imagine que no hay crisis, que tiene usted empleo y mucho, muchísimo dinero. Imagine, entonces, que el aire es transparente, que el pavimento es arena blanca, que la acera de enfrente es el mar y —¿por qué no?— que, en lo alto, resplandece un Sol brillante. Extienda su toalla sobre la arena y dispóngase a tomar un relajante baño de sol. Pero... ¡un momento! ¿Trae usted bronceador? Recuerde que la sobre exposición a la radiación solar puede causar serias lesiones.

La luz se propaga en forma de ondas

¿Por qué es dañina la luz? Veamos primero qué es la luz. La luz es energía que se transmite debido a la vibración de una carga eléctrica. Al vibrar una carga, se perturban el campo eléctrico y el campo magnético en todos los puntos que la rodean. Esta perturbación viaja, con un movimiento ondulatorio, desde las regiones más cercanas —a la carga oscilante— hasta las mas alejadas. De este modo, una inocente carga que se encuentre a cientos de miles de kilómetros de otra que vibra, de pronto, sin previo aviso, va a sentir una fuerza que también la hace vibrar. Es decir, moviendo una carga desde aquí se puede provocar el movimiento de otra que se encuentre muy lejos. O sea que mediante la propagación de esta perturbación de los campos eléctrico y magnético se puede transmitir energía de un lugar a otro. Estas ondas, llamadas, con toda propiedad, electromagnéticas, viajan a la velocidad más grande conocida: 300,000 km/s. Además, son las únicas ondas que se pueden propagar en el vacío, es decir, en ausencia de un medio material.

Para comprender el alcance de estas radiaciones electromagnéticas piense en lo siguiente. Allá mismo, en la playa, espere la noche y observe las estrellas. En ese momento, por fin, luego de una larga travesía de cientos de millones de años luz, la perturbación, provocada por ciertas cargas vibrantes en aquel lejano astro, hará vibrar a otras cargas, éstas alojadas en su retina. Luego, estas vibraciones se convierten en una corriente eléctrica a través del nervio óptico que su cerebro interpretará como el evento "ver una estrella". Claro, que lo que usted está viendo ocurrió hace muchos años. Hace tantos, que quizá esa estrella, la que más le gusta, hace mucho que dejó de existir. Nadie puede ver el futuro. Pero, el pasado, ese sí se puede ver directamente.

La energía de la luz se transmite en pequeñas unidades

La energía que transmiten las ondas electromagnéticas no fluye en forma continua sino por pulsos. Estos pulsos, por su naturaleza discontinua, se asemejan a las partículas —aisladas— de materia descritas por la mecánica newtoniana. Se puede considerar, entonces, que la energía radiante está atomizada, es decir, formada por pequeños paquetes de energía. Por analogía con las partículas comunes y corrientes, a estos conjuntos discretos de energía se les ha denominado *fotones*, cuyo significado literal es *partículas de luz*. La cantidad de energía de los fotones es menor o mayor según la longitud de la onda electromagnética. La energía de los fotones de las ondas largas (como las de radio y televisión) es muy pequeña. En cambio, la energía de los fotones de las ondas súper cortas (como los rayos X) es grandísima.

El daño en la piel

Cuando nos exponemos a la radiación solar, el daño en la piel puede ser tan leve como una simple quemadura. O de tal gravedad que desencadene un cáncer de piel. En cualquier caso, lo que ocurre es una reacción química: algunas sustancias de nuestra piel se transforman en otras. En el caso de las quemaduras de piel, el daño es temporal. Las células de la piel dañadas se caen y son sustituidas por otras nuevas. Se regenera la piel. En el caso del cáncer, la sustancia que se descompone es el ADN, alterándose así la información genética que contiene.

Como las reacciones químicas se dan a nivel molecular, se requiere que cada molécula tenga la energía suficiente para que se lleve a cabo la reacción. Por esta razón, no todas las radiaciones electromagnéticas son capaces de causar daño a la piel. Depende de la energía de sus fotones. Si la energía del fotón es menor a la que se necesita, simplemente no hay reacción y, por lo tanto, tampoco hay daño.

Los fotones de la luz ultravioleta (UV) poseen la energía necesaria para que ocurran las reacciones fotoquímicas que provocan las lesiones de la piel. Por eso, para evitar el efecto nocivo de la luz, se requieren sustancias que puedan absorber la energía de este tipo de fotones. De hecho, el mecanismo de protección natural de la piel implica la acción de una sustancia con tal capacidad. Cuando la piel es irritada por la incidencia de luz ultravioleta, unas células —los *melanocitos*— producen un pigmento negro llamado melanina y lo distribuyen por toda la piel. El color negro de la melanina produce el oscurecimiento de la piel que conocemos como *bronceado*.

La forma como funciona la melanina es la siguiente. Cada molécula absorbe un fotón de luz UV y, en consecuencia, pasa de su estado de menor energía a otro de mayor energía. Luego, a través de una serie de cambios vibracionales, regresa a su estado basal emitiendo el exceso de energía en forma de calor. Es decir, se estabiliza sin emitir luz. De este modo, la energía de los fotones UV, en vez de provocar la destrucción de las células de la piel, sólo sirve para aumentar, momentáneamente, la energía de las moléculas de melanina. Luego, se disipa calentando los alrededores.

En realidad, cualquier molécula que se estabilice mediante este proceso puede actuar como un bloqueador solar. Por eso, los bloqueadores contienen sustancias con esta misma capacidad. Históricamente, la primera sustancia comercial, bloqueadora de la radiación solar, fue el ácido *para*-aminobenzoico (PABA), el cual absorbe fuertemente en la región ultravioleta. En la actualidad, se utilizan catorce diferentes sustancias en la formulación de los bloqueadores solares. Todas ellas tienen una estructura química similar. Se trata de compuestos aromáticos (es decir, de la familia del benceno) capaces de absorber los peligrosos paquetitos de energía de la luz ultravioleta.

Última reflexión (*sólo para chilangos*)

Si usted pertenece a la tribu de los *Imecas* (etnia que habita en la capital de la República) y no tiene dinero para ir a la playa, despreocúpese, usted no necesita usar un bloqueador solar, sencillamente porque... ¿cuál Sol?

Los ciento y pico de años del electrón

Hace un poco más de 100 años (en 1897), J. J. Thomson hizo un descubrimiento extraordinario: encontró uno de los constituyentes más pequeños de la materia. Se trata de una partícula insoportablemente ligera, cuya masa es... ¡un quintillón de veces menor que un kilogramo! Para colmo, esa pequeñez no es neutra sino cargada y, de hecho, representa la parte negativa de la materia.

¿Cómo pudo alguien descubrir algo tan pequeño? ¿Quiénes más estuvieron involucrados en la hazaña? ¿Qué vieron, qué hicieron, qué concluyeron?

Veamos. El descubrimiento del electrón emergió de estudiar el paso de la electricidad a través de los gases. Este fenómeno había sido explorado, al igual que casi todo lo relacionado con la electricidad, por Michael Faraday en el año de 1830. Este trabajo fué retomado por Julius Plücker, un profesor de matemática de la Universidad de Bonn que, posteriormente, se dedicó a la física experimental. Plücker tenía como asistente a un talentoso soplador de vidrio y fabricante de instrumentos, Heinrich Geissler, quien diseñó un ingenioso artefacto capaz de lograr un vacío sin precedentes dentro de un tubo de vidrio.

El "tubo Geissler" tenía además un par de electrodos metálicos sellados en cada extremo. De esta manera era posible aplicar un alto voltaje al gas contenido —a muy baja presión— en el tubo. Plücker descubrió unos pequeños puntos luminosos sobre las paredes de vidrio. Parecía como si algún tipo de radiación invisible estuviera siendo emitida del electrodo negativo, o cátodo, causando la luminiscencia sobre el tubo de vidrio.

¿Una radiación saliendo del cátodo? Pero, ¿qué tipo de radiación? Ninguna conocida. Los rayos catódicos eran afectados por un campo magnético. Un imán era capaz de hacer cambiar de posición los puntos luminiscentes. Además, en 1869, Johann Willhelm Hittorf, físico alemán, encontró que, si se interponían objetos —transparentes u opacos, conductores o no, o delgadísimos— , se proyectaban sombras sobre los puntos luminosos.

Estas observaciones fueron confirmadas por Eugene Goldstein en los años 1870 y 1880 en Berlín. La mayoría de las observaciones de Goldstein eran consistentes con la idea de una corriente de algo electrificado emergiendo del cátodo. Pero, ¿qué? ¿Átomos cargados o moléculas ionizadas de gas residual? Esto parecía poco probable porque los rayos se propagaban mucho más lejos de lo esperado para partículas tan pesadas. Por eso, Goldstein pensó que tendría que ser alguna radiación similar a la electromagnética. De hecho, fue él quien lo bautizó con el nombre de "Rayos Catódicos".

Por la misma época, en Inglaterra, el interés sobre el fenómeno de los rayos catódicos fue popularizado por las espectaculares demostraciones de William Crookes. Aunque Crookes no haya contribuido profundamente al debate acerca de la naturaleza de los rayos catódicos, con sus prolíficas exhibiciones provocó el interés de muchas personas.

Pronto, la investigación sobre los rayos catódicos se convirtió en una precipitada competencia entre las escuelas inglesa y alemana, la cual estuvo marcada, más por la búsqueda de los defectos de sus componentes que por el examen profundo de la validez de sus propias proposiciones.

En esta historia, llama la atención el trabajo del físico inglés Arthur Schuster a finales de 1880. Él pudo estimar la relación carga-masa de las supuestas partículas eléctricamente cargadas. El valor que obtuvo implicaba una masa para las partículas de los rayos catódicos... ¡mil veces menor que la del átomo de hidrógeno! Es decir, de ser partículas tendrían que ser mas pequeñas que los pequeñísimos e indivisibles átomos. Pero esto era muy difícil de creer en aquel entonces. Schuster rehizo los cálculos para poder obtener una masa razonable para los rayos catódicos. Así el gran descubrimiento se le fue entre las manos.

En 1895, Wilhem Röntgen, en Alemania, anunció el descubrimiento de los rayos X a partir de los rayos catódicos. En 1896, Henri Becquerel descubre una misteriosa radiación emitida por un mineral de uranio. Un componente de esa radiación era idéntico a los rayos catódicos. En ese mismo año, Pieter Zeeman, animado por su profesor, Hendrick A. Lorentz, demostró cómo un intenso campo magnético afecta al espectro atómico del sodio. Lorentz infirió que las partículas eléctricas que, se presumía, radiaban la luz tenían una relación carga-masa mil veces mayor que la del ion hidrógeno.

Sin embargo, fue Joseph John Thompson quien atacó el problema de la forma mas directa y sistemática y pronto obtuvo frutos. Esencialmente, completó el trabajo de Schuster y otros ya habían intentado. Mediante un ingenioso arreglo experimental para la relación carga-masa de los rayos catódicos, Thompson demostró que "en los rayos catódicos... la subdivisión de la materia es llevada mucho más lejos que en el ordinario estado gaseoso." El 30 de abril de 1897, Thompson anunció el descubrimiento del electrón.¡Una nueva partícula primordial había nacido!

En la época actual, donde el mundo es gobernado por la electricidad y la electrónica es fácil creer, equivocadamente, que el electrón fue descubierto hace muchísimo tiempo. Pero no. El electrón es un bebé recién nacido de sólo ciento y poquitos años.

¡Felicidades pequeñín!

¡La dulce vida!

El azúcar de mesa

¿Quién no disfruta de un delicioso postre al final de la comida? ¿Quién no agradece el ofrecimiento de un dulce o un caramelo? ¿Quién no endulza las aguas de frutas? Y, aunque el café debería tomarse sin azúcar, muchísima gente acostumbra endulzarlo. Al ser humano le gusta el dulce y se podría decir que, desde el principio de los tiempos, ha buscado cómo endulzarse la vida.

Ya nuestros antepasados, en la época de la caza y la recolección consumían con delicia el azúcar a través de la dulce miel fabricada por las abejas. De hecho, el azúcar, como tal, era conocido en la India desde hace 5,000 años y una de sus primeras formas, un dulce indio llamado *khandi*, ha preservado su nombre en el idioma inglés.

La caña de azúcar fue cultivada, por primera vez, en el sur de Europa apenas alrededor del año 800 d. C. La remolacha fue cultivada mucho más tarde alrededor del año 1800 d. C. Desde entonces, el azúcar ha reinado en las cocinas de todas las culturas, todas las épocas y todas las regiones del mundo.

El azúcar, además de su agradable propiedad de endulzar, representa una importante fuente de energía para nuestro organismo. Un consumo de 170 g proporciona cerca de 1.8 mega joules de energía que es la energía que liberan diez focos de 100 watts prendidos durante media hora.

Así mismo, el azúcar ayuda a conservar la carne y la fruta. Se usa en las bebidas suaves porque hace sentir más refrescante al agua. Y se le añade a la salsa de tomate y a la pasta de cacahuate debido a su habilidad para "desengrasar" el paladar.

Más de 12 millones de niños al año mueren por los efectos de la diarrea, principalmente en el Tercer Mundo. Un tratamiento simple consiste en suministrarles agua que contenga azúcar y sal en una proporción de 8 a 1.

Una desventaja del azúcar es que está implicada en la formación de las caries dentales. Esto es debido a que también es un buen alimento para la bacteria *Spectrococcus mutans*, la cual, como producto de su metabolismo, desecha sustancias ácidas.

Por eso el azúcar es un gran alimento. Es mentira que no sea nutritiva. El problema nutricional que causa es debido al alto contenido energético que se mencionó anteriormente: unos cuantos gramos proporcionan una gran cantidad de energía. Por lo tanto, cuando el cuerpo necesita energía, degrada el azúcar antes que a las grasas. Si uno sigue comiendo azúcar, el cuerpo sigue usándola para cubrir sus requerimientos energéticos sin utilizar nada de las grasas. De este modo, las grasas se acumulan y se acumulan indefinidamente dando lugar a la obesidad. Por eso, para obligar a nuestro organismo a usar las grasas como fuente de energía, es necesario disminuir o, inclusive evitar, el consumo de azúcar.

Los endulzantes artificiales

Si hubiera otras sustancias tan dulces como la sacarosa (el azúcar de mesa) pero que no pudieran proporcionar tanta energía al ser metabolizadas, las odiosas grasas podrían ser utilizadas como combustible corporal sin necesidad de tener que renunciar al placer de saborear las imperdonables comidas dulces.

Esta ilusión ha dado lugar a la búsqueda de nuevas sustancias endulzantes que puedan remplazar a la sacarosa. Se han encontrado de todos tipos: otros azúcares (o carbohidratos) similares a la sacarosa, aminoácidos, *oximas* (con átomos de carbono unidos mediante un doble enlace a átomos de nitrógeno), *nitroanilinas*, compuestos sulfonados e, inclusive, proteínas.

De todos estos posibles sustitutos, los únicos que se han comercializado en gran escala son la sacarina (un compuesto sulfonado) y el *aspartame* (una cadena de dos aminoácidos) los cuales son más de cien veces más dulces que el azúcar común.

De 1879, año en que fue descubierta, a 1970, la sacarina fue el sustituto del azúcar por excelencia. La principal característica de este endulzante es que se excreta sin ninguna modificación y, por lo tanto, sin haber sido metabolizado. En otras palabras, es capaz de endulzar sin liberar ni una sola caloría. Sin embargo, la sacarina deja un desagradable amargo y metálico sabor en la mayor parte de la gente. Además, se ha encontrado que causa tumores cancerosos en ratas, las cuales concentran mucha orina en sus vejigas.

Sin lugar a dudas, el más exitoso sustituto del azúcar es el aspartame. Fue descubierto en 1965 por James Schlatter cuando trabajaba para G.D. Searle & Co. A diferencia de la sacarina, el aspartame presenta un sabor limpio sin dejar rastros de otros sabores en la boca. Las limitaciones del aspartame residen principalmente en su tendencia a descomponerse. A temperatura ambiente, se descompone alrededor de un 10% al mes, por lo que sólo puede ser usado en comidas que se consumen rápidamente como refrescos y yoghurts de frutas. Al aumentar la temperatura, la velocidad de descomposición aumenta también por lo que no se puede usar en alimentos que se tienen que cocer u hornear.

La estructura de los endulzantes

Aunque aún se está muy lejos de tener una teoría completa que pueda explicar todas las observaciones acerca de las sustancias endulzantes, se sabe que la propiedad de endulzar está relacionada con su estructura molecular.

Por ejemplo, la hernandulcina (un endulzante ya conocido por los aztecas) es una sustancia dulce mientras que la epi-hernandulcina (ligeramente diferente a la hernandulcina) no lo es. Del mismo modo, la L-fenilalanina es amarga mientras que la D- fenilalanina es dulce. Lo curioso es que estas parejas de sustancias son tan semejantes entre sí como lo son nuestra mano izquierda de la derecha. Tal parece que para que tengamos la sensación de dulzura se requiere que las moléculas de la sustancia dulce embonen perfectamente bien en los sitios receptores de sabor en nuestra lengua, de la misma manera que una mano derecha embona en un guante derecho y no embona en un guante izquierdo ni, mucho menos, en un guante de tres dedos. En este sentido se sabe que en la molécula de la sustancia dulce debe de haber, por lo menos, tres sitios: dos para formar puentes de hidrógeno con el receptor y un tercero con estructura similar a la de las grasas, es decir, de tipo hidrofóbico. Sin embargo, recientemente, se ha hablado de que las moléculas de los dulces deben de tener ocho sitios bien identificados para poder interactuar con los receptores. Parece, pues, que los receptores no son guantes de tres dedos sino de ocho. Por eso, las sustancias dulces deben ser "manos de ocho dedos".

Con esta idea, los investigadores que proponen este modelo, Tinti y Nofre, han preparado una sustancia, el ácido sucronónico, que es 200 mil veces más dulce que la sacarosa.

Dulce futuro

Hoy, las investigaciones químicas apuntan a que en un futuro no muy lejano se logrará tener sustitutos del azúcar que nos permitan seguir endulzando nuestra vida sin tener que sufrir la amargura de la obesidad. Además del ácido sucronónico, se ha sintetizado una sustancia similar al aspartame, el alitame, que es 2 mil veces más dulce que el azúcar y es relativamente estable a la descomposición y al calor. Otra sustancia, muy parecida al azúcar de mesa, la sucralosa, donde tres hidrógenos han sido sustituidos por cloros, es 500 veces más dulce. Y la thaumatina una mezcla de dos grandes proteínas naturales con un poder endulzante de 1,600 respecto a la sacarosa.

Que moléculas tan grandes, como esas proteínas, puedan proporcionar un sabor dulce es algo fascinante. Una idea atractiva sería incorporar una "unidad dulce" a moléculas gigantes y no digeribles como la celulosa para formar una "fibra dulce" de cero calorías.

Más allá de encontrar o no el sustituto adecuado, estas investigaciones llevarán inevitablemente a una mejor comprensión de cómo funciona el sentido del gusto en nuestros cuerpos, lo cual será, sin ninguna duda un logro mayor.

Mientras tanto, tenemos una alternativa más sencilla y a nuestro alcance: consumamos el dulce con cuidado y moderación y sigamos disfrutando del extraordinario alimento llamado azúcar.

La insoportable levedad del electrón

Crispín, costeño, ceceachero, ligeramente rollizo, tenía fama de matado. Todo lo trataba de llevar hacia la física y las matemáticas hasta que un día...

El amor no era para Crispín más que sustancias químicas e impulsos eléctricos yendo y viniendo en el interior del cuerpo. Sin embargo, a pesar de su escepticismo y de su racionalidad, se encontraba como todos sus cuates de la escuela, babeando frente al televisor, convertido en una hormona gigante, admirando el cuerpo escultural de Pamela Anderson, en el personaje de una bella guardiana de la bahía. Al día siguiente, después de la clase de física, los ojos desorbitados de los muchachos, las risitas nerviosas y dos o tres palabras capturadas al vuelo, pusieron al día a Marbello, su joven profesor. Cuando Crispín se quedó solo, Marbello se le acercó con toda la intención de hacerlo repelar: "Nada de eso es cierto, Crispín. Una ilusión. Nada más. Lo que viste no era Pamela Anderson sino un montón de electrones chocando contra un vidrio." Crispín se puso rojo. Había sido descubierto por el profesor. Además debía defender su imagen de frío y científico. Buscó una salida airosa: ¿Cuáles electrones, profe.? no me quiera cotorrear. Todo el mundo sabe que son ondas electromagnéticas, que la televisión funciona porque las estaciones mandan las famosas ondas hertzianas hasta las antenas de nuestros televisores." ¡Cierto! Contestó Marbello Pero eso no es todo. Esa radiación, captada por la antena, genera un flujo de electrones. Luego, estos electrones se hacen pasar a través de una cámara de vidrio al vacío, el cinescopio, hasta que chocan con una pantalla fluorescente..."

"¡Ah caray! exclamó distraído Crispín, —puesto que aún no había logrado borrar de su mente el color coral de los breves bikinis de Pamela—, de alguna manera, la radiación que llega provoca un impulso eléctrico, ¿no?"

"En efecto, Crispín. Si llega radiación hay impulso eléctrico. Es decir, en la televisión en blanco y negro, las zonas brillantes de la pantalla son zona donde están chocando los electrones mientras que en las oscuras aquéllos no pegan."

"A ver péreme, profe. —se empezó a animar Crispín—. La pantalla de la tele es la parte de afuera del cinescopio, ¿no? Y, sobre ella, chocan unos electrones que son lanzados desde dentro ¿OK?".

"¡Ajá! —respondió Marbello—, el cinescopio es una cámara de vidrio con forma de pirámide acostada. ¿Nunca has estado en algún taller donde reparen televisores?... Bueno, la parte plana con forma rectangular es la pantalla y está tratada con una sustancia especial que la hace emitir luz cuando inciden sobre ella los electrones. Si la pantalla del cinescopio no fuera fluorescente, entonces, aunque chocaran con ella los electrones, no veríamos nada."

"Fluore... ¿qué?, profe." Fluorescentes. Son materiales que al recibir energía emiten luz inmediatamente. Pero, volviendo a lo de la tele... del otro lado de la pantalla hay una superficie de donde salen los electrones, estos atraviesan el cinescopio y gracias a unos poderosos imanes, el rayo de electrones recorre toda la pantalla formando puntos brillantes y oscuros, blancos y negros".

"No se puede, profe —interrumpió Crispín— ¡Que los electrones atraviesen el cinescopio! No se haga, usted nos lo dijo: los gases, o sea el aire, ¡no conducen la electricidad!"

"Pero no hay gases dentro del cinescopio. Está al vacío. ¿En qué supermodelo estás pensando, eh? Al fabricar los cinescopios, con una bomba de vacío, llámese aspiradora, se les saca todo el aire y luego se sella rápidamente. Los electrones al no encontrar obstáculo, viajan de un electrodo al otro, en línea recta y a toda velocidad.

"Oiga, y eso de los electrodos ¿qué onda?"

"Son digamos, las terminales de una batería. En una se acumula la carga positiva y en la otra, la negativa. En las extensiones que conectamos a la toma de electricidad, es lo mismo. Cada pata de la clavija está conectada a un alambre metálico. En uno de ellos se acumula la carga positiva y en el otro, la negativa. Al electrodo positivo se le llama ánodo y al negativo, cátodo. Pero ¿sabes qué, Crispín? Lo curioso de lo que dijiste es que justo así se descubrieron los electrones... Fue apenitas hace unos 110 años, el 30 de abril de 1897, para ser precisos". "¿Quéeee? Pero si la electricidad se conoce desde ¡uf!". "Bueno, es que no es tan fácil. ¿Sabes cuánto pesa un electrón. ¿Un quintillón de veces menos que un kilogramo Mira, imagínate un kilogramo de cualquier cosa. Divídelo en un millón de partes. Separa una de ellas y, esa, divídela, a su vez, en un millón de partes. Separa una parte y repite el proceso. Cinco veces en total. Bueno, pues eso que te queda es la masa de un electrón."

"¡Órale! —casi gritó, Crispín— ¿Cómo descubrieron el electrón"

"Durante los últimos 70 años del siglo XIX, los físicos se abocaron a la tarea de estudiar la conductividad eléctrica en los gases; a partir de esas investigaciones hoy sabemos que los gases son pésimos conductores. Para ello, utilizaron los que serían los ancestros de los actuales cinescopios, los llamados tubos de descarga. Era un tubo de vidrio, relleno de algún gas, con dos electrodos en los extremos conectados a una fuente de electricidad. El estudio consistía, básicamente, en ver en qué condiciones la electricidad podía pasar de un electrodo a otro, atravesando el gas contenido en el tubo. Pronto se dieron cuenta que se requerían dos cosas para lograr la conducción eléctrica a través de los gases. La primera, altísimos voltajes entre los electrodos, del orden de 20,000 volts... Imagínate, una pila normal genera apenas 1.5 volts. O sea, que para generar 20,000 volts, habría que conectar en serie... ¡más de 13 mil pilas AA!"

"¡Charros! ¿Y la segunda, profe?, ¿cuál es la segunda cosa que encontraron para hacer conducir a los gases?". "Como se dieron cuenta que al disminuir la cantidad de gas dentro del tubo mejoraba la conductividad, decidieron sacarle todo el gas que se pudiera. Empezaron estudiando la conductividad en los gases y terminaron estudiando algo todavía más interesante: ¡la conductividad eléctrica a través del vacío! Entonces, la combinación de alto voltaje y gran vacío dio como resultado que del electrodo negativo, o sea el cátodo, saliera una radiación desconocida que atravesó el vacío. ¿Cómo crees que llamaron a esta radiación salida del cátodo?... En un alarde de imaginación la bautizaron como... ¡rayos catódicos!".

"Bueno, ya no me esté carneando, profe. Mejor dígame cuándo aparecen los electrones."

"Pues ya aparecieron, son los rayos catódicos. Aquel "día del niño" de 1897, J. J. Thomson demostró que los rayos catódicos no eran rayos, o sea, no eran luz sino unas pequeñas partículas más ligeras que los átomos cargadas negativamente. Los rayos catódicos son, entonces, una parte de los átomos: la parte negativa. Son, pues, nuestros queridísimos electrones que nos hacen ver a la Anderson bellamente incrustada en la pantalla de la televisión."

"Pero, ¿y la parte positiva?", preguntó Crispín. "Está aglomerada en el centro de los átomos y, curiosamente, contiene casi toda la masa del átomo —explicó el profe.— Mira, si un átomo de hidrógeno es de 1837 unidades de masa, su parte positiva pesa 1836 unidades mientras que la parte negativa solamente una unidad. Los electrones, Crispín, son insoportablemente ligeros."

"Ya lo creo, profe. Y entonces, ¿dónde están los electrones? Quiero decir dentro del átomo, ¿dónde están?". "Rodeando al núcleo —explicó Marbello—, la mecánica cuántica, que es la rama de la física que estudia las partes más pequeñas y ligeras de la naturaleza, ha encontrado que los electrones, aunque ligeros, son sumamente grandes comparados con los núcleos. Es decir, en vez de un puntito, los electrones parecen ser enormes nubes de carga negativa."

"¿Como una especie de durazno que tuviera un huesito; éste sería la parte positiva sumergida en la parte negativa que sería la carne del durazno?", sugirió Crispín. "Ándale, más o menos —respondió el maestro—, aunque más bien sería como un planetita rodeado por una atmosferotota. Mira, si un átomo de hidrógeno fuera suficientemente grande como para que su núcleo midiera un milímetro de radio, su atmosferota sería una esfera de 100 metros de radio, es decir, un radio del largo de una cancha de futbol. Bueno, Crispín, pues esos insoportablemente ligeros e increíblemente grandes (para la escala atómica) corpúsculos son los que tú confundiste con la salvavidas de la tele."

"Pus se veían muy bien", se saboreó el joven. "Eso sí —rió Marbello—. Bueno, muchacho, ya me voy. Luego seguimos hablando de física y de ilusiones". "Sale, Prof., gracias". Marbello se alejó mientras Crispín trataba de digerir la insoportable levedad del electrón. De pronto, descubrió un papel tirado cerca de donde había estado parado su profesor. Parecía una foto bajada de Internet. La levantó con curiosidad y la vio. "¡Uau!—exclamó— ¡Qué linda eres, Pam!"

La Química al fin del milenio

El discreto encanto de la química

En ciencia, nada más espectacular que los maravillosos avances que la física y la biología han tenido en el último siglo. ¿Cuál niño de nuestra época no incluye en sus juegos seres mutantes o emocionantes viajes intergalácticos? Los temas recurrentes de las caricaturas de acción son los rayos láser y la ingeniería genética. Las palabras que se han ido incorporando al lenguaje popular (hoyos negros, genes, clonación, mutantes, cuántico, láser, etcétera) son una muestra fidedigna del impacto que estas dos disciplinas han tenido en la gente común y corriente.

En contraste, los logros de la química han permanecido prácticamente fuera del conocimiento de la gente. Sin embargo, su impacto ha sido también enorme. Discreta y calladamente, a lo largo de este siglo, la química ha ido modificando la forma de vida de los seres humanos. La química es la ciencia que estudia cómo y por qué se transforman unas sustancias en otras (y todo lo relacionado con ello). Y así, transformando sustancias, usando unas conocidas para crear otras desconocidas, e inventando reacciones y procesos a gran escala, la química nos ha dado ropa, medicinas, fertilizantes, pinturas, alimentos, tintas, pegamentos, juguetes, aparatos y, en general, todo tipo de materiales sin los cuales la vida moderna sería imposible.

En homenaje al siglo que termina y como bienvenida al nuevo milenio, he escogido dos ejemplos (de los miles que existen) que ilustran el tipo de problemas que aborda esa ciencia maravillosa que es la química. El primero, la preparación industrial del nylon fue uno de los pilares del desarrollo de la industria química durante el siglo XX. El segundo, la síntesis de las primeras enzimas artificiales, es una probadita de lo que será la química del siguiente milenio.

Casi como la seda

En menos de un siglo, la industria química pasó de aquellas pequeñas fábricas con una producción limitada que apenas satisfacía los consumos nacionales hasta esta enorme red global cuya producción rebasa, las más de las veces, la demanda de los más de seis mil millones de humanos que habitamos este planeta.

Uno de los factores que propició esta relampagueante transformación es, sin lugar a dudas, la síntesis y producción de polímeros totalmente sintéticos. Antes de mencionar el alcance e impacto de este sorprendente desarrollo, permítaseme recordar qué es un polímero.

Todas las sustancias están formadas por pequeñas partículas átomos, moléculas o iones, En general, estas partículas son tan pequeñas que es muy difícil, no sólo verlas inclusive imaginarlas. Piense, amable lector, que en 20 mililitros de agua debe haber del orden de,.. ¡un cuatrillón de moléculas! Sin embargo, esto no es así para todas las sustancias. Los cuerpos grandes y complejos —como los seres vivos— están formados por sustancias cuyas moléculas son gigantescas comparadas con las del agua. La celulosa, el almidón, las proteínas, los ácidos nucleicos son ejemplos de estas sustancias creadas por la naturaleza. Una característica importante de estas sustancias es que sus moléculas están formadas por fragmentos idénticos que se repiten cientos y miles de veces. A este tipo de sustancias se les llama polímeros.

A principios de siglo, el hombre ya había aprendido a sintetizar sustancias de moléculas pequeñas pero no polímeros. Lo más que había logrado fue obtener un polímero sintético a partir de otro natural. En 1930, la industria textil estaba basada en la producción de rayón (un polímero semisintético) que se obtenía a partir de la celulosa (un polímero natural). Sin embargo, la síntesis de polímeros totalmente hechos por el hombre era todavía un hermoso sueño.

El sueño se hizo realidad muy pronto. En esa misma década, un grupo de investigación a cargo del Dr. Wallace Carothers logró sintetizar el primer polímero totalmente artificial de la historia: ¡el nylon! Por primera vez, la industria química no dependía de la adquisición de toneladas y toneladas de productos naturales para llevar a cabo sus procesos sino, que a partir de un par de sustancias de adquisición relativamente fácil (el *ácido adípico* y la *hexametilendiamina*) se podían producir toneladas y toneladas del nuevo producto.

Esta sustancia que podía formar fibras correosas, durables y de textura como la de la seda inició, en realidad, la era del plástico. Diversos grupos de investigación en todo el mundo se dedicaron a buscar nuevas rutas, nuevas técnicas, nuevas procesos industriales y, por supuesto, nuevos polímeros sintéticos.

Estas búsquedas dieron lugar a la creación de cientos de nuevos materiales con las más diversas propiedades: lentes, fuselajes, tubos, recipientes, herramientas y casi todo lo que se nos pueda ocurrir. Además, los nuevos conocimientos e ideas que surgieron a partir de ellas impulsaron un desarrollo extraordinario en todas las áreas de la industria química, no sólo en la textil.

Es por demás decir que sin el nylon el mundo luciría de manera muy diferente. Tan sólo la ausencia de esa bella y sensual prenda femenina, símbolo del siglo XX, causaría una gran tristeza en las mujeres. ¡Y más aún en los hombres!

Soy espejo y me reflejo

Las moléculas son como una especie de racimos de átomos. Evidentemente ciertos átomos están en la parte de arriba del racimo, otros en la parte de abajo, otros a la izquierda, otros a la derecha, enfrente, atrás. Es decir, tienen una forma específica en tres dimensiones.

Lo anterior es cierto para todo tipo de sustancias. Por ejemplo, las moléculas de las medicinas y las de los alimentos tienen todas ellas una forma específica. Inclusive las moléculas de las sustancias que están en el interior de nuestros cuerpos también tienen una forma determinada.

En general, las moléculas de sustancias biológicas, como las proteínas y los azúcares, son mucho más grandes que las de las medicinas que ingerimos. Aquéllas son unos enormes y complejos racimos con huecos y protuberancias por todas partes. Para que usted pueda estimar qué tan grandes son éstas, considere que las pequeñas moléculas de los fármacos bien pueden caber en dichos huecos. De hecho, la acción terapéutica de las medicinas se basa en que sus pequeñas moléculas "embonen" en los huecos de las gigantescas moléculas biológicas. Esta interacción es similar a la de una llave y una cerradura, sus formas deben ser complementarias; así las protuberancias de una deben coincidir con los huecos de la otra.

Curiosamente hay algunas sustancias cuyas moléculas son la imagen en el espejo de las moléculas de alguna otra sustancia. Es decir, la única diferencia es que cierto átomo que está, digamos, a la derecha, en la primera sustancia se encuentra a la izquierda en la otra. Son como nuestras manos, idénticas en forma pero al fin y al cabo distintas puesto que una es la izquierda y la otra derecha. Esta diferencia casi imperceptible se hace evidente cuando queremos ponernos un guante izquierdo en la mano derecha o viceversa.

A este tipo de sustancias se les llama *quirales* (el prefijo *quiro* significa mano en griego). Para la mayor parte de los fenómenos químicos esta pequeña diferencia no tiene ninguna importancia de tal forma que las dos sustancias son indistinguibles (tienen las mismas propiedades físicas y químicas). Sin embargo, cuando interactúan con sistemas biológicos esa pequeña diferencia se vuelve muy importante. El hueco de la molécula biológica sólo puede embonar con una de las dos: o con la "izquierda" o con la "derecha". Por así decirlo, la molécula biológica es el "guante" y la del fármaco es la "mano".

Esto hace que de las dos, sólo una tenga propiedades curativas y la otra no. El problema ocurre cuando la que no es curativa perjudica, de alguna manera, al organismo. Por ejemplo, el *S-naproxeno* es un antinflamatorio mientras que su imagen en el espejo, el *R-naproxeno* es una sustancia tóxica que ataca al hígado. Esto hace importante sólo administrar *S-naproxeno* y nada del *R-naproxeno*.

Como el caso anterior, existen muchos otros. Por eso uno de los grandes retos de la industria química actual es la manufactura de medicinas cuya quiralidad sea la adecuada (¡enantioméricamente puras, dicen los químicos!). Dado que las sustancias "imágenes en el espejo" tienen las mismas propiedades químicas, al tratar de sintetizar una (por los métodos químicos tradicionales) se forman realmente las dos. Este es el caso del S-naproxeno que, luego de la síntesis, se tiene que separar del R-naproxeno mediante un proceso complicado y poco eficiente. Otras sustancias quirales, como las penicilinas, se obtienen por biosíntesis. En este caso, una enzima o un microorganismo son usados para producir directamente la "imagen en el espejo" deseada.

Una tercera vía, que ha surgido en los últimos 30 años, es crear sustancias que funcionen como las enzimas, es decir, que sólo produzcan una de las dos "imágenes". El ejemplo pionero de este tipo de catálisis selectiva es la comercialización de la L-dopa sintética (droga que se usa en el tratamiento de la enfermedad de Parkinson). En este proceso se usa un catalizador de radio cuya forma es la adecuada para producir solamente la "imagen en el espejo" que tiene acción terapéutica.

En otras palabras, los químicos de fin de siglo han sido capaces de sintetizar las primeras enzimas artificiales, es decir, catalizadores similares a las enzimas biológicas que la naturaleza tarda millones de años en crear.

Una de las búsquedas de la química del próximo milenio será, sin lugar a dudas, la de crear nuevas sustancias artificiales que imiten las sorprendentes funciones de las sustancias biológicas.

¡Qué sabrosa la cerveza!

Si usted acostumbra acompañar sus comidas con una refrescante cerveza, déjeme decirle que hace usted bien. La cerveza es uno de los alimentos más antiguos en la historia de la humanidad y, sin lugar a dudas, se ha bebido a lo largo y ancho de este planeta durante miles de años. De hecho, la cerveza es más vieja que el pan. Cerca del año 3,500 a. C. ya se fermentaban los granos para producir cerveza. Esto es dos mil años antes de que se usaran en la fabricación del pan.

Aunque, debido a su contenido de alcohol, comparte la mala fama de todas las bebidas alcohólicas, se trata en realidad de un alimento completo ya que contiene agua, carbohidratos, proteína y micronutrientes.

El principal componente de la cerveza es el agua, la cual representa el 93 % en peso de la bebida. Comparada con otras bebidas alcohólicas, la cerveza es mejor para apagar la sed porque contiene menos alcohol por volumen y su alto contenido de agua compensa con creces el efecto deshidratante del alcohol. Más aún, dado que la mayoría de las cervezas son isotónicas (es decir, que tienen la misma presión osmótica que los fluidos corporales) prácticamente no afectan el balance de agua del cuerpo.

Los carbohidratos provenientes de la malta y la cebada son también muy importantes. Una lata contiene alrededor de 10 g de carbohidratos. Aproximadamente 1 g (de esos 10) son azúcar fermentable. Lo demás son dextrinas (productos intermedios obtenidos durante la transformación del almidón en maltosa y D-glucosa). Como es bien sabido, los carbohidratos son una fuente importante de energía. Una lata de cerveza provee cerca de 120 kcal (compare con 240 kcal de un refresco de cola y 200 kcal de una leche malteada). Aunque, a diferencia de otros alimentos dulces como los caramelos y los refrescos, la cerveza no provoca deterioro dental. El alcohol mismo también es una fuente de energía y provee cerca de 4.1 kcal por gramo.

Además, la cerveza incluye pequeñas cantidades de fibra como la celulosa y la pectina (compuestos que constituyen las paredes celulares de las plantas). Las cervezas oscuras incluyen 0.7 g de fibra por lata mientras que cervezas más ligeras contienen menos de la mitad de esa cantidad.

Contrario a la opinión popular, la cerveza no engorda puesto que no contiene grasas. Lo que sí es cierto es que a aquéllos con problemas de obesidad les será más difícil adelgazar si no disminuyen su consumo de cerveza porque el cuerpo quema preferentemente los carbohidratos provenientes de la cerveza antes que la grasa del cuerpo. De hecho, las típicas panzas de los bebedores fuertes son provocadas probablemente por los efectos del alcohol como aperitivo. En la cerveza, en particular, esto es parcialmente contrarrestado por el contenido de dióxido de carbono de la cerveza el cual hace que los comensales se sientan pronto satisfechos. Las bebidas carbonatadas también promueven la formación de ácido en el estómago (ayudando a la digestión) y estimulan el flujo de sangre hacia los músculos, el cerebro, los pulmones y los riñones.

Otro hecho que puede sorprender es su relativamente alto contenido de proteína y vitaminas. La cerveza contiene cerca de 1.4 g de proteína por lata, una séptima parte de esa cantidad son directamente aminoácidos. Éstos realizan funciones metabólicas muy importantes. Están involucrados en la activación de enzimas, en el control del pH del cuerpo y en la conversión de energía para su uso en los músculos. La malta es la principal fuente de estos aminoácidos y las cervezas fabricadas exclusivamente de malta son más ricas en proteína.

Quizás sea aún más sorprendente que la cerveza también contiene cerca de 3 g por lata de vitaminas del complejo B solubles en agua. Rica en niacina, ácido pantoténico, piridoxina y riboflavina, la cerveza es relativamente pobre sólo en dos vitaminas B: la tiamina y la biotina.

La cerveza también contiene cantidades significativas (18 µg por pinta) de ácido fólico (una vitamina tomada por las mujeres embarazadas para reducir la incidencia de anormalidad espinal en el feto).

Otro beneficio de beber cerveza es que a diferencia de otras bebidas contiene niveles relativamente bajos de sodio. Típicamente, la relación sodio/potasio es sólo 1:4 comparada con la relación 29:1 de algunas bebidas deportivas. Los niveles de calcio son también relativamente bajos (sólo la mitad de lo que se encuentra en el vino blanco) mientras que el contenido de nitrato (aproximádamente 3 µg por lata) está bastante debajo de del máximo nivel establecido por la Organización Mundial de la Salud.

Metales potencialmente tóxicos como cadmio, cromo, cobalto, plomo, mercurio y estaño están virtualmente ausentes. Esto es debido a que, durante la fermentación, los grupos sulfuro en la levadura actúan como esponja para la mayoría de los metales pesados, sacándolos de la solución. Las células de la levadura son extremadamente sensibles al ambiente y fácilmente envenenadas por los metales que son tóxicos para los humanos. La levadura sirve para saber si una cerveza está o no en buenas condiciones. Si sobrevivió para producir la cerveza entonces se puede beber. Otra razón es que generalmente las cervecerías usan agua de manantial, la cual está relativamente libre de aditivos químicos y no ha estado en contacto con el metal de las viejas tuberías.

Además de su bajo contenido de metales. Otra ventaja de la cerveza son sus propiedades estériles y antisépticas. De hecho, hace 300 años era más seguro beber cerveza que el agua de los ríos y lagos porque el agua utilizada en la fabricación de la cerveza había sido hervida previamente. En el siglo XII, los monjes alemanes añadieron lúpulo a su cerveza con fines medicinales. El lúpulo también fue agregado a la cerveza flamenca no sólo para darle su sabor amargo típico sino para que pudiera sobrevivir el transporte y el almacenaje sin echarse a perder. Incluso en nuestros días, es más fácil transportar la cerveza que el agua o la leche, en cuanto a contaminación bacteriológica se refiere. Unas sustancias llamadas isoácidos, provenientes del lúpulo, poseen propiedades antibacterianas además de que el alcohol mismo también es un antiséptico. Aún más, el proceso de ebullición del mosto (el líquido extraído de los granos durante el machacado) antes de la fermentación asegura la ausencia de microorganismos. Aún, en el raro caso en que las pocas especies de bacterias que pueden sobrevivir en la cerveza estén presentes, lo único que afectan son el sabor y la apariencia sin que representen un riesgo serio para la salud.

Investigaciones recientes relacionan la presencia de los isoácidos con la prevención de la osteoporosis en la vejez. Aparentemente los isoácidos bloquean los llamados receptores pE_2 inhibiendo de este modo la reabsorción de los huesos viejos.

Hasta donde se sabe, beber cantidades moderadas de cerveza no tiene efectos adversos sobre la salud humana. De hecho, las investigaciones recientes sugieren que beber cantidades moderadas de cerveza puede incluso ser benéfico para la salud. Estudios recientes han encontrado que aquellos que beben del orden de una cerveza diaria presentan menos riesgo de contraer una enfermedad del corazón que los grandes bebedores e incluso que los abstemios. Las lipoproteínas (es decir, las que no son solubles en agua), como el colesterol, pueden ser lipoproteínas de baja densidad (LDL, por sus siglas en inglés) o lipoproteínas de alta densidad (HDL, por sus siglas en inglés). Aparentemente, beber alcohol aumenta la cantidad de lipoproteínas HDL en el torrente sanguíneo. Altos niveles de colesterol HDL y bajos niveles de colesterol LDL en la sangre, asociados con la toma de alcohol moderada, reducen el riesgo de ataques al corazón. El colesterol LDL, fibroso y con forma de cuerda, se cuelga de las paredes arteriales para una especie de telarañas que son las que causan los bloqueos de la arteriosclerosis. El colesterol HDL, fuertemente empacado con forma de bolitas, al fluir a través de las arterias arrastra las cadenas de colesterol LDL, deshaciendo la telaraña y limpiando de este modo las arterias.

Otro beneficio bien conocido del consumo moderado de alcohol es su relación con la reducción de la incidencia de cálculos biliares. Éstos normalmente se forman cuando la bilis se sobresatura de colesterol. Las investigaciones sugieren que el alcohol puede disminuir la cantidad de colesterol que el cuerpo produce reduciendo la tendencia a que se formen cálculos biliares.

El hígado de una persona de 70 kg puede procesar 7 g de alcohol por hora (más o menos media lata) hasta un máximo de 150 g durante 24 horas. Una borrachera ocasional no causa daños duraderos (mientras no se manejen autos ni maquinaria pesada). En cambio, las borracheras frecuentes producen enfermedades cardiacas, cirrosis hepática, deterioro del control y los tiempos de respuesta, así como terribles problemas familiares y sociales.

Aunque el alcohol ha sido satanizado por sus propiedades adictivas y por sus efectos dañinos cuando se toma en exceso, fumar implica mucho más riesgo para la salud. En 1990, en el Reino Unido, las estadísticas mostraron que el cigarro fue responsable de cerca de 4 veces más muertes que el alcohol (110,000 contra 30,000).

Si usted acostumbra acompañar sus comidas con una refrescante cerveza, hace usted bien porque, en realidad, cuando se ingiere como parte de una dieta balanceada, la cerveza es benéfica para la salud. Un promedio de una cerveza diaria es benéfico.

Pero, recuerde, no mucho más que eso.

¡Ah!, otra cosa: ¡salud!

NO, el mensajero del amor

Hay muchas sustancias famosas y populares. Entre las sustancias sólidas destacan, por obvias razones, el oro y el diamante. El agua y el alcohol son dos conocidísimas sustancias líquidas. Y entre las sustancias gaseosas es imposible no mencionar al oxígeno y al bióxido de carbono. Sin embargo, hay una sustancia gaseosa que es también muy importante pero inexplicablemente muy poco conocida. Se trata del óxido nítrico.

El óxido nítrico es un gas incoloro que se forma cuando el oxígeno y el nitrógeno se combinan a altas temperaturas. Está constituido por pequeñas moléculas diatómicas en las que por cada átomo de nitrógeno (N) hay uno de oxígeno (O). Por eso su fórmula química es NO. El óxido nítrico está entre los primeros gases que fueron descubiertos. Joseph Priestley (1733-1804) lo obtuvo en 1772 al hacer reaccionar ácido nítrico (HNO_3) con diferentes metales: hierro, cobre, estaño, plata, mercurio, bismuto y níquel. Priestley usó este curioso gas para determinar la cantidad de oxígeno que contiene el aire. Hizo reaccionar el NO con el oxígeno del aire observando que el volumen del aire disminuía en una quinta parte. Su comportamiento químico particular está determinado por el hecho de tener un número non de electrones. Todas las sustancias tienden a adquirir una distribución de sus electrones similar a la de los gases nobles. Éstos presentan un número par de electrones y capas electrónicas completas. En este sentido, el NO muestra una gran versatilidad química porque fácilmente puede perder un electrón (oxidarse dicen los químicos) o, por el contrario, ganar un electrón (reducirse).

NO es un villano

El óxido nítrico ha sido héroe y villano en el mundo de la química. Indiscutiblemente ha jugado este último papel en la producción de esmog fotoquímico. La elevada temperatura que se da en los motores de combustión interna permite que el nitrógeno y el oxígeno del aire reaccionen para formar dióxido de nitrógeno (NO_2). Esta sustancia participa en un ciclo en el que se forma y se desintegra intermitentemente el ozono. La radiación ultravioleta del sol hace que el NO_2 reaccione con el oxígeno del aire (O_2) para formar NO y ozono (O_3). Inmediatamente después, éstos vuelven a reaccionar entre sí para regenerar el dióxido de nitrógeno y el oxígeno.

dióxido de nitrógeno + oxígeno genera óxido nítrico + ozono

$$NO_2 + O_2 \leftrightarrows NO + O_3$$

ozono + óxido nítrico genera dioxido de nitrógeno + oxígeno

$$NO + O_3 \leftrightarrows NO_2 + O_2$$

El problema ocurre cuando hay una gran cantidad de hidrocarburos (los componentes de la gasolina) en el ambiente. Los hidrocarburos reaccionan con el óxido nítrico secuestrándolo del ciclo mencionado. Por lo tanto, el ozono ya no tiene con quien reaccionar, ya no se desintegra y, en consecuencia, se acumula. El ozono es un poderoso agente oxidante, que puede causar irritación en la nariz y la garganta, pérdida de coordinación muscular y cansancio.

El esmog fotoquímico es una mezcla de sustancias que incluye óxidos de nitrógeno, monóxido carbono, hidrocarburos, peroxiacilnitratos (PAN), aldehídos y una gran variedad de compuestos orgánicos. Los PAN son sustancias lacrimógenas y se cree que son los principales causantes de la irritación de los ojos debido al esmog. También hay problemas cuando el NO se encuentra presente en la estratosfera. Los aviones supersónicos que vuelan a grandes alturas liberan óxido nítrico. Como se dijo anteriormente, el óxido nítrico reacciona con el ozono para producir dióxido de nitrógeno y oxígeno. O sea que la presencia de NO puede disminuir la concentración de ozono en las capas altas de la atmósfera.

NO es un héroe

El óxido nítrico es un verdadero héroe en muchas otras circunstancias de sobra conocidas. Por ejemplo, en la síntesis de importantes sustancias químicas como ácido nítrico, fertilizantes y explosivos. También es la materia prima de los nitritos (de sodio y potasio) que se usan como conservadores en carnes tales como el tocino, la salchicha y el jamón. Esto es debido a que inhiben el crecimiento de las bacterias que causan cierto tipo de intoxicación como en el caso del botulismo. Pero una de sus facetas apenas descubierta recientemente es su papel como mensajero celular. Hay alguna evidencia de que el óxido nítrico es una pieza clave en el almacenaje de la memoria en el cerebro. Todas las señales nerviosas se transmiten a través de un proceso llamado sinapsis. En este proceso cada neurona envía a la siguiente unas sustancias llamadas neurotransmisores. En el caso de la memoria, existe la hipótesis de que la segunda neurona envía de regreso un mensajero que le dice a la primera que aumente el envío de neurotransmisores. Se sugiere que ese mensajero es la pequeña y bizarra molécula de óxido nítrico.

Otro proceso en el que el NO funciona como mensajero es en la vasodilatación y específicamente en la erección del pene. Mientras las parejas intercambian miradas y sonrisas seductoras, los nervios liberan neurotransmisores como la prostaglandina, la acetilcolina y otros que a su vez generan óxido nítrico. Así, mientras la pareja pasa de las miradas y las sonrisa a las caricias y los besos, el NO se disuelve entre los músculos suaves del órgano sexual masculino. Luego, este gas despierta a la enzima guanilato ciclasa. La que activada, acelera la producción de guanosinmono-fosfato cíclico (GMP-c). Éste se encarga de eliminar el calcio libre. La salida del calcio provoca que se relaje el músculo. Es la tensión del músculo lo que impide que la sangre fluya. Contrariamente a lo que podría pensarse, es al relajarse el músculo que se permi-te que la sangre fluya causando la erección. La erección termina cuando una enzima, la fosfodiesterasa, degrada al GMP-c hacien-do que el calcio regrese a su lugar tensionando al músculo de nueva cuenta. El sildenafil, el principio activo del Viagra, inhibe la acción de esta enzima logrando de este modo curar la disfunción eréctil.

El óxido nítrico es el cupido celular que no sólo permite el amor sino que hace que perdure en el recuerdo.

Michael Jordan: un tipo con mucha química

Nunca antes habían sufrido cambios tan violentos y repentinos. Sus partes, aburridamente idénticas, fueron sometidas en un solo instante a la *tortura del potro* más extrema que se pueda imaginar. Una y otra vez, cada molécula, cada fibra, de los zapatos tenis, fue comprimida y luego estirada varias veces respecto a su tamaño original. De pronto el isopreno de la suela recibió un impacto brutal y su entramado polimérico se contrajo a su mínimo volumen. Los 20 huesos y los 30 músculos del pie derecho de Michael se acercaron lo más posible al centro de la Tierra y luego él salió volando.

Querer empujar un planeta entero, cuesta. Por eso, en el interior de Michael también hubo tortura. El glucógeno, largamente almacenado en sus músculos, fue totalmente mutilado. La inmensa cadena dejó de existir y en su lugar quedaron, inermes, los eslabones. Y éstos, a su vez, fueron quemados. La rítmica respiración de Mike introdujo el oxígeno necesario. Seis moléculas de oxígeno por cada glucosa (los eslabones) proporcionaron toda la energía posible. Sólo quedaron "cenizas": agua y bióxido de carbono. La extensa piel de Michael, incluida la que cubre su famoso cráneo, se perló de sudor. Y por su nariz salió discretamente el superfluo gas.

Pero no fue suficiente. Alejarse de la inconcebible atracción de la Tierra, requiere mucha más energía. Para eso, para extraerla, en lo que llegaba la siguiente remesa de oxígeno, billones de billones de glucosas fueron partidas por la mitad. Los residuos, las moléculas de ácido láctico, se quedaron agazapadas en los músculos de Mike para recordarle luego, con dolor, su osadía.

Ágil como una pantera, Michael izó el balón y, sin más, lo proyectó contra el tablero. Las primeras en recibir el impacto fueron las fibrosas y entrecruzadas moléculas de colágeno del recubrimiento de cuero. Luego, el temblor viajó hacia el interior. Las moléculas de poli-isopreno lo sintieron. Las de *nylon*, en seguida y las de poli-isobutileno después, también. Un instante, nada más un instante. Orgullosas moléculas gigantes formando redes a lo largo y a lo ancho de la esfera, se sintieron aplastadas, deformadas y —¿por qué no decirlo?— deprimidas.

Enseguida esa telaraña molecular recuperó su forma esférica y entonces regresó. La Tierra la reclamaba a su superficie. Pero demasiado tarde, porque el balón no cayó por donde había subido, sino que pasó por el lugar en la que una red de átomos metálicos dibujaba una circunferencia en el aire. Demasiado tarde porque Michael Jordan había permanecido flotando, ya, toda una eternidad. Y demasiado tarde, también, porque un momento después se podía leer en el marcador:

Michael Jordan	1
Isaac Newton	0

Los tenis

La suela de los tenis es de hule, una sustancia natural que se obtiene de un arbusto (el guayule) y de un árbol (el *Hevea brasiliensis*). El hule es un polímero o, mejor dicho, es una sustancia polimérica formada por largas moléculas con forma de cuerda. La palabra polímero viene de dos palabras griegas: *poli*, que significa muchos y *mero*, que significa parte. Un polímero es una enorme molécula formada por partes que se repiten y una sustancia polimérica es aquella cuyas moléculas son polímeros. En el hule, la parte que se repite es el *isopreno*:

Isopreno

Las moléculas del hule son, por tanto, moléculas de poli-isopreno. El hule es un material extraordinario. Se puede estirar hasta diez veces su tamaño sin romperse, se puede moldear y además es impermeable al aire y al agua.

La respiración

El glucógeno es un polímero que se encuentra en el interior de nuestros cuerpos. Sus moléculas son largas y ramificadas cadenas de fragmentos de glucosa. Estos fragmentos son las partes que se repiten. La glucosa, $C_6H_{12}O_6$, al igual que cualquier otro azúcar o carbohidrato, se usa como combustible para proporcionar energía al organismo, mediante una reacción química en la que se combina con el oxígeno que respiramos:

$$C_6H_{12}O_6 + 6\,O_2 \rightarrow 6\,CO_2 + 6\,H_2O + \text{energía}$$

Una reacción química es un proceso en el que unas sustancias se transforman en otras. Cuando las nuevas sustancias (los productos) tienen menor contenido energético que las originales (los reactivos) sobra una cierta cantidad de energía. La combustión es un ejemplo de este tipo: sustancias con alto contenido energético (los combustibles) que, al combinarse con el oxígeno, se transforman en sustancias con bajo contenido energético (agua y bióxido de carbono). La energía sobrante se libera en forma de luz y calor.

Los músculos

Cuando el oxígeno que respiramos no alcanza para generar la cantidad de energía suficiente (mientras realizamos grandes esfuerzos físicos, por ejemplo), las células musculares se ven obligadas a usar una reacción completamente diferente que consiste en romper a la mitad cada molécula de glucosa en dos moléculas de ácido láctico:

$$C_6H_{12}O_6 \rightarrow 2\,C_3H_6O_3 + energía$$

Este proceso, conocido como respiración anaeróbica, proporciona menos energía por cada molécula de glucosa comparado con el de la respiración aeróbica donde participa el oxígeno. El ácido láctico que queda en los músculos como residuo de la respiración anaeróbica produce dolor al cabo de unas horas, las famosas "agujetas" que todos hemos sentido después de realizar algún esfuerzo al que no estamos acostumbrados.

El balón

Los balones de basquetbol se fabrican en tres o cuatro etapas:

Se construye una especie de bolsa esférica hecha de hule sintético, compuesto principalmente de isobutileno, $(CH_3)_2C{=}CH_2$, y un poco de isopreno (cerca de 2%).

La bolsa de hule se envuelve con varios miles de metros de cuerda hecha de nylon, un polímero totalmente sintético que se prepara a partir de hexametilén-diamina y ácido adípico.

El balón que queda se cubre con otra capa de hule (puede ser natural, sintético o una mezcla de ambos) y luego se vulcaniza, dándole así su apariencia final. La vulcanización es una reacción química entre el hule y el azufre que produce entrecruzamientos al unir entre sí las largas cadenas del polímero, y es lo que le da al hule su gran fuerza y elasticidad, y permite el "bote" del balón.

A los balones de lujo se les pega además una elegante superficie de piel. El curtido de pieles da un resultado análogo al de la vulcanización. El cuero crudo se convierte en piel curtida cuando se establecen uniones entre sus largas y fibrosas macromoléculas de proteína (llamadas colágeno). El curtido de pieles involucra también una transformación química.

El desayuno de Jordan

Para obtener la máxima energía durante el juego, Michael Jordan desayunó *spaghetti*. Este sabroso alimento contiene almidón, el cual es un polisacárido, muy similar al glucógeno, que se descompone fácilmente en las pequeñas moléculas de glucosa. Estas moléculas son de un alto contenido energético porque fácilmente pueden reaccionar y convertirse en sustancias muy estables como el dióxido de carbono y el agua. Contrariamente a lo que se cree, la energía se libera, no mientras se rompen los enlaces de la glucosa, sino cuando se forman los enlaces del dióxido de carbono y el agua.

Newton

Todos los cuerpos se atraen entre sí con una fuerza que es directamente proporcional al producto de sus masas e inversamente proporcional al cuadrado de la distancia que los separa. Esta es una ley de la naturaleza, *la ley de la Gravitación Universal*, y fue descubierta por uno de los más grandes genios de la humanidad: Sir Isaac Newton.

Elemental, mi querido Watson

Sustancias simples y sustancias compuestas

Las reacciones de síntesis (o de adición) y las de análisis (o de descomposición) son quizás las más importantes en química. Ambos tipos de reacciones podrían describirse en forma muy simple. En las de síntesis, dos sustancias reaccionan entre sí y producen una tercera —es decir, desaparecen dos y aparece una. Por el contrario, en las reacciones de análisis, una sola sustancia reacciona (mediante calor o electricidad) para producir dos sustancias— es decir, desaparece una y aparecen dos.

Mediante reacciones sucesivas de síntesis, es posible preparar sustancias cada vez más y más complejas. Y, al revés, mediante las de análisis se puede preparar sustancias cada vez más simples.

Las posibilidades, en cuanto a diversidad y complejidad, en la síntesis de nuevas sustancias parecen no tener límites. Se estima que cada nueve segundos se añade una nueva sustancia química al arsenal de que dispone el hombre. En la actualidad, dicho arsenal está formado por más de 70 millones de sustancias.

Sin embargo, en el otro sentido, en el del análisis, sí existe un límite. De esos 70 millones de productos, alrededor de 100 no presentan reacciones de descomposición. Es decir, son las sustancias más simples de todas. Pueden reaccionar con otras para generar sustancias más complejas pero no se pueden descomponer para formar sustancias más simples.

A estas sustancias simples se les llama *sustancias elementales* (o simplemente elementos) y a partir de ellas se pueden sintetizar todas las demás llamadas *sustancias compuestas* (o simplemente compuestos).

Una historia elemental

Descubrir la existencia de las sustancias elementales ha sido una increíble hazaña que le ha tomado a la humanidad toda su historia. Contrario a lo que se cree, las sustancias elementales son menos estables que las compuestas. Si dejáramos, en algún lugar de la Tierra, todas las sustancias elementales separadas en "montoncitos" (y no volviéramos a tocarlas ni a hacerles nada), en unos cuántos años habrían reaccionado entre sí y, en consecuencia, ya no encontraríamos más que trazas de las sustancias elementales originales y una gran variedad de sustancias compuestas.

Cuando el hombre apareció en el planeta, encontró una infinidad de materiales (madera, aire, rocas, agua de mar, etcétera) formados, en realidad, por la mezcla de muchas sustancias, casi todas ellas, compuestas. En esa confusión, descubrir y encontrar las sustancias elementales, supuso dos tareas de una enorme dificultad:

Separar las sustancias que se encontraban mezcladas en los materiales conocidos.

Realizar, con ellas, miles y miles de reacciones de descomposición hasta llegar a las más simples.

En la actualidad, con todos los conocimientos de la época y los veloces adelantos tecnológicos, estas tareas requieren de equipos caros y complejos y de la habilidad y preparación de profesionistas muy calificados: los químicos.

Así y todo, los humanos conocemos desde la antigüedad las siguientes sustancias elementales: azufre, carbono, cobre, estaño, hierro, mercurio, oro, plata y plomo. Desde entonces hasta 1700 d. C. sólo se pudieron descubrir 5 elementos: antimonio, arsénico, bismuto, fósforo y zinc. En la segunda mitad del siglo XVIII, 15 elementos más fueron encontrados. Entre ellos, el hidrógeno, el nitrógeno y el oxígeno. El descubrimiento de estos 3 gases fue, sin lugar a dudas, el preámbulo que dio origen a la química como ciencia.

Durante el siglo XIX y la primera mitad del siglo XX, se descubrieron el resto de las 92 sustancias elementales existentes en la naturaleza. Entre ellas, los misteriosos y elusivos gases nobles. Son 6: helio, neón, argón, kriptón, xenón y radón. Estas sustancias son las únicas (de las 92) cuyos átomos pueden existir en forma aislada. Todas las demás sustancias elementales tienen que formar pequeñas moléculas (racimos de átomos unidos entre sí) o enormes redes (complicados entramados hechos a partir de la unión de átomos) puesto que sus átomos aislados no son estables.

Vale la pena mencionar que el descubrimiento del helio fue, en cierta medida, un hallazgo extraterrestre. En 1868, mediante un telescopio acoplado a un espectroscopio, Pierre Jules Janssen, un astrónomo francés, observó en la luz proveniente del Sol una línea amarilla que no pertenecía al espectro de ningún elemento conocido. Dos años después, su colega, el astrónomo inglés Joseph Norman Lockyer, se aventuró a afirmar que esa línea era emitida por un elemento desconocido al que llamó helio (de la palabra griega *helios* que significa "Sol").

Aunque en la naturaleza sólo hay 92 elementos, en la actualidad, se conocen 118. ¿De dónde han salido los demás? Fácil... ¡el hombre los ha creado!

El origen de los elementos

Los átomos de una sustancia elemental son todos iguales. Además, los átomos de cada elemento son diferentes. Por lo tanto, en las sustancias compuestas hay átomos de un elemento unidos con átomos de otros elementos. Todos los átomos (sean del elemento que sea) tienen una parte positiva (los protones) concentrada en un núcleo, rodeada por una parte negativa (los electrones). Lo que hace distinto a un átomo de otro (y, por tanto, a un elemento de otro) es el número de protones. A este número se le llama *número atómico* y corresponde con la posición que ocupan los elementos en la tabla periódica. Además de los protones, en los núcleos atómicos hay otras partículas sin carga eléctrica llamadas neutrones.

Modificar el número de protones de los átomos no es cosa fácil. Para ello se requiere de reacciones nucleares. Por eso, los alquimistas fracasaron en su empeñoso afán por transmutar la materia.

Sin embargo, en las estrellas las reacciones nucleares se dan de manera natural. En las estrellas como el Sol, los núcleos de hidrógeno se transforman constantemente en núcleos de helio. La energía que se libera de este proceso ha impedido (durante casi 5 mil millones de años) que el Sol se colapse debido a la atracción gravitacional. Y se sabe que hay suficiente hidrógeno en su interior para mantenerlo así otros 5 mil millones de años.

En las gigantes rojas (que es en lo que se va a convertir nuestro amado Sol cuando se le acabe el hidrógeno), a partir de los núcleos de helio, se forman los elementos cuyo número atómico va desde 3 hasta 26, es decir, desde el litio hasta el hierro. Del cobalto al uranio (92 protones), los núcleos no liberan energía al formarse; más bien la absorben. Por eso, no es posible que se formen en las gigantes rojas sino que se producen en las espectaculares explosiones estelares conocidas como novas y supernovas.

Los elementos terrícolas

Hay otro lugar en el universo donde se forman elementos: en el planeta Tierra. En los años 50, los científicos de la época crearon los elementos 93, 94, 95, 96, 97, 98, 99, 100 y 101. Esto se logró mediante dos tipos de reacciones nucleares: el decaimiento *beta* y la captura *alfa*. En el primero, se bombardean núcleos de elementos pesados con neutrones. Cada neutrón capturado se transforma en un protón y un electrón (partícula *beta*). Como resultado se crea un nuevo elemento con un protón de más, es decir, con el siguiente número atómico al del elemento original. En el segundo, los núcleos pesados son bombardeados con núcleos de helio (partículas *alfa*) haciendo que el número atómico se incremente dos unidades cada vez.

De 1958 a 1974, se sintetizaron desde el elemento 102 hasta el 106. Para ello, bombardearon los núcleos recién creados con iones de elementos ligeros como el boro. Para lograrlo, se requirió el desarrollo de grandes aceleradores de partículas. Más allá del elemento 106, fue imposible crear nuevos núcleos con esta técnica.

En 1974, un grupo de investigadores dirigidos por Yuri Oganessian en Dubna, Rusia descubrió una técnica que podía servir para la síntesis de nuevos elementos. Se les ocurrió invertir los papeles: usar como proyectiles a los núcleos pesados y como blanco a los iones de elementos ligeros. Esto permitía colisiones "frías" que no liberaban tanta energía dando tiempo a que se estabilizaran los nuevos núcleos.

Esta técnica se empezó a utilizar a partir de 1975 cuando se abrió el UNILAC (Universal Linear Accelerator) en Darmstadst, Alemania, con el cual se podía acelerar incluso los iones más pesados hasta alcanzar energías más altas. Con este poderoso equipo, el grupo alemán dirigido por Peter Armbruster logró a principios de los 80 sintetizar los elementos 107, 108 y 109. Hubo que esperar hasta 1996 para crear los elementos 110, 111 y 112. Finalmente, en los últimos 6 años, entre el grupo ruso y el grupo alemán, han logrado sintetizar los elementos 113, 114, 115, 116, 117 y 118.

Una reflexión elemental

Sabemos que el número de elementos, que pudiéramos preparar los humanos, no puede ser infinito. ¿Sin embargo, qué tan lejos podremos llegar?

Aceite de piedra

Érase una vez...

El petróleo se conoce desde la antigüedad: muchas civilizaciones del Medio Oriente lo utilizaron —así como el gas natural—, en las ceremonias religiosas y en medicina para sanar la lepra, las hemorragias, las enfermedades dentales, el reumatismo, las enfermedades respiratorias, etc. Igualmente fue utilizado en las artes de la guerra. Los chinos, los birmanos y después los romanos recurrieron al petróleo para iluminarse. Los romanos fueron los primeros en lubricar las ruedas de sus carros con petróleo. El betún, por ejemplo, fue utilizado por las civilizaciones más antiguas en la fabricación de ladrillos para asegurar la impermeabilidad de las construcciones y los barcos.

La excavación de pozos —y la consiguiente extracción del petróleo— es también antiquísima. Hace más de 2 mil años, los chinos ya cavaban, con la ayuda del bambú, pozos de mil metros de profundidad para buscar *el agua que arde*, el petróleo, y *el aire que huele feo*, el gas natural. Sin embargo, es el año de 1859, cuando el coronel Edwin Drake extrajo petróleo en Pennsylvania, la fecha que marca la entrada de este importante recurso en la era industrial.

El petróleo, ¿nace o se hace?

Desde mediados del siglo XIX hasta un poco después de la segunda Guerra Mundial, el petróleo se fabricó industrialmente: rocas sedimentarias se ponían a cocer a una temperatura de 500 °C en ausencia de oxígeno. A estas temperaturas tan altas ocurren ciertas reacciones fisicoquímicas que transforman la materia orgánica —que abunda en este tipo de rocas— en petróleo. Este proceso podía ser semejante a la formación natural del petróleo, cuyo mecanismo era entonces desconocido.

Varias teorías coexistían. Mendeleïev se inclinaba por un origen mineral en el que el petróleo se formaba a partir de dióxido de carbono e hidrógeno. Pasteur, en cambio, sostenía que el petróleo era producto de algún metabolismo bacteriano. No fue sino hasta 1937 que el investigador ruso Verdnasky sostuvo la hipótesis de que el petróleo proviene de la transformación de los sedimentos orgánicos bajo la acción de la temperatura y la presión. Actualmente, la observación, la experimentación y la simulación parecen confirmar esta teoría.

En la naturaleza este proceso se desarrolla durante muchas decenas de millones de años. La corteza terrestre funciona, en este caso, como un horno natural. La temperatura, entre 2 y 10 kilómetros de profundidad, va desde 50 a 300 °C. La transformación ocurre sobre una sustancia orgánica llamada *querógeno*, que proviene de la lenta degradación de desechos orgánicos llevada a cabo por bacterias anaeróbicas. Los desechos orgánicos provienen de fitoplancton, de bacterias y eventualmente de plantas superiores terrestres que se acumularon en los sedimentos arcillosos de los fondos lacustres o de mares cerrados y que luego han quedado enterrados.

En el "horno", las enormes moléculas del querógeno se rompen, principalmente, en pequeñas moléculas de hidrocarburos y, en menor proporción, en diversas moléculas más complejas. A toda esta mezcla se le llama petróleo.

De hecho, es más justo hablar de petróleos, en plural, en la medida en que cada petróleo se define por su composición y ésta es diferente en cada yacimiento. La composición de cada petróleo depende de la naturaleza del querógeno y de las condiciones que acompañaron su formación: entre más severas, las moléculas formadas son más pequeñas. Cuando las moléculas son tan pequeñas que tienen menos de 5 átomos de carbono, se obtiene gas natural. Por eso, frecuentemente se encuentran depósitos de gas natural en los yacimientos de petróleo.

Buscando oro negro

La distribución del petróleo en la superficie del planeta es muy irregular. Aunque se han mapeado las formaciones sedimentarias donde el petróleo pudiera haberse formado, es imposible saber *a priori* donde verdaderamente hay yacimientos. Las regiones que abrigan la mayor cantidad de petróleo son la región árabe-pérsica, Venezuela, Siberia occidental, el golfo de México, el mar del Norte, la parte norte del mar Caspio y el golfo de Guinea.

Los principales métodos de exploración son los métodos geofísicos. Las investigaciones sobre la medición de las propiedades eléctricas de las rocas, realizadas por los hermanos franceses Conrad y Marcel Schlumberger entre los años 1920 y 1930, fueron el fundamento científico de la exploración petrolera.

Las 2 guerras mundiales también contribuyeron a la exploración sísmica moderna. La primera, con el desarrollo en Alemania de métodos acústicos capaces de detectar la artillería y, la segunda, con el desarrollo de los métodos de tratamiento de señales y de las calculadoras numéricas.

Los progresos tecnológicos han permitido encontrar el petróleo cada vez a mayores profundidades. En 1918, los pozos más profundos alcanzaron los 1,800 m mientras que, en 1930 llegaron hasta los 3,000 m. Sin embargo, cabe aclarar que el factor determinante, en aquel entonces, fue... ¡la suerte!

En la actualidad, se puede establecer un mapa de las estructuras que conforman el subsuelo a través de la poderosa técnica de la "reflexión sísmica". Consiste en generar ondas acústicas —provocando un estremecimiento sobre la superficie— dirigidas hacia el subsuelo y, luego, en analizar las ondas reflejadas sobre los diferentes accidentes geológicos. Como complemento, se utiliza la gravimetría que mide las variaciones del campo gravitacional.

Estos métodos no son suficientes para determinar, con toda precisión, el lugar donde se debe hacer la perforación. Es necesario que los geólogos "crucen" las imágenes del subsuelo —obtenidas por los geofísicos— con sus conocimientos sobre la historia de las formaciones sedimentarias. Por último, las inspecciones aéreas y satelitales proporcionan una información crucial para la detección de yacimientos.

Se sabe de la existencia de alrededor de 30,000 yacimientos. Sin embargo, el 60 % de las reservas se encuentran en el 1 % de esos yacimientos. Tan sólo Gawar, Arabia Saudita (el yacimiento más grande del mundo), contiene 15 mil millones de toneladas de petróleo.

Exprimiendo las rocas

A principios del siglo XX, la técnica de perforación rotatoria, donde un taladro en rotación horada las rocas, sustituyó la perforación tradicional por percusión. Dicha técnica tuvo un desarrollo significativo en 1909 con la invención del taladro cónico, después en 1952 con la aparición de un material ultra resistente: el carburo de tungsteno. Las perforaciones en el mar se realizan a partir de instalaciones fijas, las plataformas.

Si la presión en el yacimiento es suficiente, el petróleo sale por sí mismo a la superficie. Si no, para mantener la presión en el yacimiento, se bombea agua o gas. Para los petróleos muy densos o viscosos, se utilizan procedimientos de recuperación llamados térmicos. Uno de ellos consiste, por ejemplo, en inyectar vapor de agua en el yacimiento, lo cual hace que aumente la temperatura del petróleo y, por lo tanto, que disminuya su viscosidad.

El valor del petróleo

Los costos de producción del petróleo son muy variables. Los más bajos corresponden a los yacimientos gigantes y supergigantes de Medio Oriente y son del orden de 0.5 dólares por barril (159 l). En cambio, en los yacimientos del mar del Norte, situados a mayor profundidad, el precio se sitúa entre 8 y 12 dólares.

Por otro lado, el precio del petróleo es un precio de mercado referido a un petróleo de composición conocida: el Brent del mar del Norte.

Este precio está sometido a la ley de la oferta y la demanda de la cual los grandes actores son los países productores, los países consumidores y las grandes compañías internacionales.

Excepto los Estados Unidos, Rusia, México, Noruega y el Reino Unido, los principales países productores están organizados en un cartel: la Organización de Países Exportadores de Petróleo (OPEP). La OPEP posee más de las tres cuartas partes de reservas probadas. Las compañías internacionales tienen alrededor del 18 % de la producción mundial.

¿Y en el 2050?

El petróleo, en realidad, es un recurso renovable: se forma permanentemente en las formaciones de rocas sedimentarias. Sin embargo, el ritmo de consumo actual, 3.5 mil millones de toneladas por año, es alrededor de 10,000 veces superior al ritmo de renovación.

El petróleo que estamos consumiendo en estos momentos se formó entre el principio de la era primaria y el final de la terciaria (o sea alrededor de 500 a 5 millones de años antes de nuestra era). Se estima que la cantidad de petróleo que ya ha sido extraída es cercana a los 110 mil millones de años. La evaluación de cuánto podrá ser extraído en el futuro es muy incierta. La estimación de las reservas que falta por descubrir varían en una proporción de 3 a 1.

El escenario más frecuentemente descrito para el siglo XXI es el siguiente: la producción de petróleo deberá crecer a un ritmo promedio de 5 mil millones de toneladas al año hasta el 2020 o el 2030. Después disminuirá hasta menos de mil millones de toneladas al año a mediados del siglo siendo el petróleo progresivamente sustituido por otras fuentes de energía: nuclear, solar o fósil como el gas natural y el carbón.

Antes de *Escherichia*

La vida, al menos como la conocemos hoy en la Tierra, es el resultado de innumerables y complejos procesos químicos en los que intervienen principalmente tres tipos de moléculas gigantes capaces de transmitir información: las proteínas y dos ácidos nucleicos: el ácido ribonucleico (ARN, por sus siglas) y el ácido desoxirribonucleico (ADN, por sus siglas).

Las proteínas y los ácidos nucleicos son largas cadenas formadas por la unión de pequeños fragmentos —los *aminoácidos* para las proteínas y los *nucleótidos* para los ácidos nucleicos— que son capaces de autoreplicarse y de catalizar reacciones entre otras moléculas.

Es razonable suponer que estas sustancias son el producto de una cadena de reacciones químicas que empezó hace miles de millones de años. Es decir, que las primeras sustancias que existieron en la Tierra reaccionaron entre sí y las nuevas sustancias así obtenidas también sufrieron otras reacciones químicas y sus productos, a su vez nuevas reacciones, y así sucesivamente durante todo este tiempo tan increíblemente largo.

Sin embargo, la hipótesis de una evolución molecular prebiótica tiene sus bemoles...

¿El huevo o la gallina?

Nuestros cuerpos contienen un número enorme de sustancias diferentes. Es más, en una sola célula, puede haber miles y miles de sustancias. Y la gran mayoría de ellas las fabrica nuestro propio organismo. Los ácidos nucleicos y las proteínas también se sintetizan en el interior de nuestras células.

En la fabricación de las proteínas, los ácidos nucleicos son indispensables. Ellos portan la información de en qué orden se deben ir enlazando los aminoácidos de la nueva proteína. Paradójicamente, las proteínas también son indispensables en la replicación de los ácidos nucleicos. Es decir, se necesitan ácidos nucleicos para sintetizar proteínas. Y proteínas para producir ácidos nucleicos. No puede haber proteínas sin ácidos nucleicos. Ni éstos sin aquéllas.

Y entonces, ¿quién fue primero: el huevo o la gallina?

El tamaño del infierno

Independientemente de quién fue primero, explicar cómo se formaron los ácidos nucleicos y las proteínas en ausencia de la perfecta maquinaria de la vida, parece una empresa de grandes dimensiones. El problema no es simple: ¿cómo fabricar macromoléculas a partir de una mezcla de aminoácidos o de nucleótidos? O, dicho de otro modo, ¿cómo hizo un montón de ladrillos para erigirse en catedral?

Una polimerización al azar parece ser el mecanismo más simple. En el caso de las proteínas, los aminoácidos y sus derivados se unen fácilmente los unos con los otros (en el caso de los ácidos nucleicos, no se conoce ninguna reacción de formación prebiótica de los nucleótidos). Aunque no es fácil obtener largas cadenas, es razonable suponer que, después de un cierto tiempo, deberían aparecer largos polímeros de estructura totalmente aleatoria.

De cualquier modo, la implacable numerología de los orígenes de la vida nos impediría llegar demasiado lejos. Nuestras proteínas están constituidas por veinte aminoácidos diferentes. Por lo tanto, el número teórico de posibles cadenas de 100 fragmentos es de 20^{100} (20 x 20 x 20… ¡cien veces!). Este número es increíblemente grande. Para darnos una idea, la masa de las 20^{100} moléculas (una de cada tipo) sería superior a la masa del planeta Tierra.

No sólo eso. El número es tan grande que la probabilidad de obtener 2 cadenas idénticas es casi nula.

La situación no sería más favorable si las primeras proteínas hubieran estado constituidas tan sólo por 6 o 10 aminoácidos. Tampoco es mejor la situación para el caso de los ácidos nucleicos que están constituidos solamente por cuatro tipos de nucleótidos diferentes. El código de una proteína de 100 aminoácidos, por poner un caso, necesitaría un ácido nucleico de 300 nucleótidos. Hay entonces 4^{300} posibilidades, es decir... ¡el infinito mismo!

Obviamente, el número de posibilidades sería mucho menor en la práctica puesto que el número de cadenas efectivamente polimerizadas estaría limitado, ya fuera por las velocidades de reacción, ya fuera por la cantidad de aminoácidos o de nucleótidos disponibles. Pero aún así, la probabilidad de obtener dos veces la misma cadena por polimerización al azar seguiría siendo casi nula.

¿Cómo hacer mentir estas previsiones tan pesimistas? La autorreplicación parece una solución. En efecto, si una molécula favorece la fabricación de copias de ella misma por un mecanismo autocatalítico, la formación de un solo ejemplar sería rápidamente seguida, gracias a su multiplicación, de la aparición de una población numerosa.

Desafortunadamente, este argumento no resiste la realidad de la química. En el caso más simple, una macromolécula que cataliza su propia replicación se debería doblar sobre sí misma de tal modo que mientras una de sus partes se estuviera replicando otras funcionaran como catalizador. Y viceversa. Además, este proceso debería permitir que los fragmentos, en la réplica, se dispusieran en el orden adecuado. La energía necesaria para que todo esto ocurriera sería tan grande que la reacción sería inconcebiblemente lenta. Entonces, la reacción tardaría tanto que antes de que la solitaria macromolécula terminara de replicarse... ¡ya se habría descompuesto!

Todos los mecanismos químicos basados en una sola molécula tropiezan con este cálculo elemental.

Los matraces del origen de la vida

Sin embargo, el panorama no es tan negro. Se tienen algunas pistas alentadoras. Hoy se sabe que estructuras análogas a la membrana de nuestras células se pueden formar espontáneamente en condiciones prebióticas. Moléculas muy simples, sintetizables en las condiciones que precedieron a la aparición de la vida, se pueden juntar en el agua y formar unas pequeñas vesículas.

La envoltura de estas vesículas está formada por sustancias cuyas moléculas (como las de los jabones) tienen un extremo soluble en agua (un grupo *fosfato*) y una larga cadena hidrocarbonada (un grupo *poliprenilo*) soluble en disolventes orgánicos. En el agua, estas moléculas se organizan espontáneamente en una doble capa. La configuración más estable de esta doble capa es la de una vesícula llena de agua donde los extremos solubles en agua, de una de las dos capas, están orientados hacia el exterior de la vesícula mientras que los de la otra capa están orientados hacia el interior.

Si a la mezcla donde se encuentran las vesículas, se agregan sustancias insolubles en agua, dichas sustancias se disuelven en la parte hidrofóbica de la membrana y ahí se van concentrando. Una vez que se encuentran cerca unas de otras y orientadas convenientemente, estas moléculas pueden reaccionar con relativa rapidez y formar, por ejemplo, pequeñas cadenas de aminoácidos.

Así, estas pequeñas vesículas no sólo podrían ser los ancestros de nuestras membranas celulares sino que también los buscados matraces en los que se formaron los precursores de las proteínas y los ácidos nucleicos.

Un mundo raro

El problema del huevo y la gallina, que alrededor de 1970 parecía no tener solución, ha sido resuelto progresivamente en los últimos veinte años. Actualmente, se sabe que una de las familias de ácidos nucleicos, el ARN, precedió a las otras macromoléculas. Durante un tiempo, estos ARN cumplieron solos la función que en la actualidad realizan por separado el ADN y las proteínas. En efecto, el ARN puede tanto transmitir información genética como catalizar reacciones químicas. A esa época en la que sólo existía ARN se le conoce como el *Mundo del ARN*.

Finalmente, el análisis de la estructura de los ribosomas, los organelos responsables de la síntesis de proteínas, ha mostrado que las proteínas fueron "inventadas" por el ARN. Luego serían las proteínas las que habrían inventado al ADN, inaugurando, de este modo, el "*ménage a trois*" que provocó la explosión de la vida en nuestro planeta.

La flecha de la catedral

Todavía se está lejos de poder ver la flecha de nuestra catedral. Sin embargo, se empieza a tener ideas más precisas sobre la forma en que fue construida.

¡Sabor!

Él, cortés y caballero, la ayuda a sentarse a la mesa. Ella, sencilla-
mente deslumbrante. Ella, un escote discreto pero perturbador. Él,
elegante. Ella, una sutil apertura en el costado izquierdo de su per-
fecto vestido de noche que, distraídamente, se abre un poco más. Él,
nervioso, traga saliva.

Más tarde, frente a él, un jugoso filete mignon y frente a ella,
en cambio, un exquisito filete de pescado al mojo de ajo. Caracoles
fritos en la guarnición de él. Escamoles (hueva de hormiga) en la de
ella. Vino tinto para él y vino blanco para ella.

El sentido del gusto empieza con el olor. El olfato es primordial en
la percepción del gusto. La percepción olfativa retro nasal es responsable del 80 % del gusto. Las moléculas volátiles provenientes
de los alimentos estimulan los receptores olfativos por la vía nasal directa y por la vía retro nasal durante la deglución.

Los alimentos liberan a su vez, en la saliva, las moléculas "del sabor". Éstas son responsables de alrededor del 10 % del gusto. Interactúan con los receptores gustativos repartidos en la parte superior de
la lengua (dentro de las papilas gustativas) y sobre el paladar. A estos
receptores se les llama, por la forma que tienen, "botones del gusto".
Estos botones consisten de un conjunto de entre 50 y 100 células
que reaccionan con todos los sabores. Cada sabor puede ser perci-

bido por cualquier botón gustativo en cualquier parte de la lengua. *Él, entre nubes, mirándola. Ella, graciosa y sensual, saboreando su delicioso pescado.*

Saborear un alimento no sólo involucra a la nariz y a la lengua: todos los sentidos intervienen. La vista informa sobre la apariencia del platillo (dicen que de la vista nace el amor). El oído aporta las nociones de crujiente, por ejemplo, y el tacto, dentro de la cavidad bucal, define la textura. La información de todos estos sentidos prepara al organismo para la llegada de los alimentos. ¡Quién no ha salivado a la vista de una tentadora golosina!

Él intenta equilibrar las acciones. Inicia el ataque sobre sus caracoles. Y presume y fanfarronea y trata de impresionar. Ella, lo mínimo. Lleva a sus labios los escamoles, sonríe, se limpia las comisuras y finalmente, coqueta como es, le guiña un ojo.

Los primeros organismos vivos ya eran capaces de reconocer las sustancias nutritivas. Los procariotes y los protozoarios son atraídos por ciertas moléculas como la glucosa y los aminoácidos, en cambio, rechazan a las sustancias tóxicas.

Es durante el tránsito de los organismos unicelulares a los multicelulares que las principales funciones se reparten en órganos específicos. Y, en ese momento, los receptores gustativos se distinguen de los olfativos.

Los insectos tienen el olfato particularmente bien desarrollado sobre todo en los insectos sociales como las abejas, las hormigas y las termitas. Sus receptores olfativos se encuentran en las antenas. En los vertebrados se localizan en la nariz o en el hocico.

Los receptores gustativos suelen estar repartidos en la cavidad bucal. Pero también pueden estar situados en las patas de algunos insectos o en las antenas, como ocurre con el caracol.

Él, unas crepas de cajeta. Ella, un enorme helado de vainilla. Él, en

el interior de su mente: "Ella es la mujer más dulce del Universo".
Todos los colores provienen de la combinación de tres colores primarios. Pero no es así para los sabores. Cada molécula tiene un sabor particular que reconoce específicamente el cerebro. No hay 4 sabores fundamentales sino todo un continuo gustativo. Hay un número infinito de sabores pero sólo 4 palabras para nombrarlos. Dulce, amargo, ácido y salado son esas 4 palabras.

Él, un cognac y un café americano. Ella, un amaretto y un café capuchino.

Las moléculas responsables del sabor son muy diversas y las hay de todo tipo. Sin embargo, tienen que responder a ciertos criterios:

Tienen que ser pequeñas para evaporarse fácilmente y poder llegar hasta los receptores olfativos. Dicho de otro modo, su masa molar debe oscilar entre 30 y 300 g/mol.

También deben de ser relativamente solubles en agua para poder atravesar el moco que recubre las paredes nasales.

Las moléculas que llegan a la lengua también deben ser solubles en agua para poderse disolver en la saliva e interactuar con las células de los botones gustativos.

Hay dos tipos de estímulos capaces de activar los receptores gustativos. Por un lado, los iones positivos hidrógeno (H^+) y sodio (Na^+) generan los sabores ácido y salado, idénticos para todo el mundo. Por el otro, hay un continuo multidimensional formado por las moléculas orgánicas. Éstas se adsorben sobre receptores no específicos, es decir, cada molécula puede ser reconocida por muchos receptores y cada receptor puede fijar diversas moléculas. Es el caso de las moléculas para los sabores dulce y amargo. Como las uniones entre estas moléculas y los receptores son débiles, un simple enjuague bucal con agua basta para hacer desaparecer el sabor.

Él se atreve a besarla. Y ella...se deja besar.

Con la edad los sentidos se van deteriorando. Los primeros en decaer son el oído y la vista dado que sus receptores no son renovados conforme van desapareciendo. En cambio, los receptores gustativos y olfativos se renuevan continuamente. De hecho, cada 10 días y cada 3 meses respectivamente. Sin embargo, la agudeza gustativa y olfativa se debilita debido a una renovación celular cada vez menos eficaz. Esto quiere decir que se necesitan cantidades mayores para percibir los olores y los sabores con la misma intensidad que antes. Se sabe que las capacidades olfativas empiezan a disminuir notoriamente a partir de los 60 años. De manera general, la degradación del Sistema Nervioso central es más rápida que la degradación de los sentidos. Sin embargo, aunque el cerebro pierde neuronas irremediablemente todos los días, el aprendizaje y el entrenamiento compensan esta pérdida multiplicando las sinapsis, es decir, el número de uniones entre las neuronas.

La edad no es el único factor que afecta a la percepción del gusto. La identidad sexual y hormonal de un individuo influye en sus capacidades gustativas, actuando principalmente sobre la secreción y la composición de la saliva. Así, durante la pubertad, el embarazo, la menopausia, la andropausia y la toma de anticonceptivos, los alimentos parecen tener otro sabor. Con las píldoras anticonceptivas, por ejemplo, la percepción de los sabores amargo y dulce disminuye ligeramente mientras que la sensibilidad por lo salado aumenta.

Los medicamentos, la temperatura, la presión atmosférica el color y hasta el ruido pueden perturbar la percepción del gusto. Arriba de los 60 decibeles, la agudeza gustativa disminuye. Y, ¿a quién no le ha pasado que, al fundirse, su helado se vuelve demasiado dulce?

Ellos, hermosos gemelos recién nacidos, despliegan una sonrisa casi imperceptible al contacto de la leche materna.

Los recién nacidos reaccionan ante los distintos sabores haciendo ciertos gestos faciales. Estos gestos son comunes a todos los niños y son específicos del sabor probado. Además, son gestos universales. No importa que el bebé sea asiático, africano, latino-americano o europeo, el recién nacido reacciona al sabor dulce con un gesto parecido al de una sonrisa. En cambio, lo amargo provoca una mueca de desagrado y el niño rechaza el alimento probado. Son verdaderos reflejos —los centros nerviosos superiores no intervienen— y existen ya desde la vida intrauterina. Se piensa que ha habido una asociación progresiva entre el sabor de un alimento y sus efectos después de la ingestión. Lo dulce corresponde a una fuente de energía inmediatamente disponible: los carbohidratos. En cambio, lo amargo genera una aversión innata seguramente ligada al sabor de los alcaloides vegetales tóxicos. A estos reflejos se incorporan luego las preferencias y las aversiones adquiridas durante la vida. El aprendizaje permitirá apreciar el sabor del café y de la toronja. Se desconfiará, en cambio, de la acidez característica de las frutas no maduras que suelen ser muy indigestas. Y una carencia de sales minerales puede provocar un gusto exagerado por lo salado.

Ella, radiante y hermosa como siempre, lleva a su boca una cucharada de sopa de pasta bien caliente. Él, padre orgulloso, se prepara un sabroso taco de mole con arroz rojo.

Los sistemas culinarios tienen un cierto número de elementos fundamentales que no cambian con el tiempo. Éstos se resisten a las conquistas, a la colonización, a los cambios sociales, a las migraciones y a la las revoluciones técnicas. Y figuran entre los más sólidos rasgos culturales. Sin embargo, un alimento introducido a cierto sistema culinario puede ser a tal grado adoptado por la cultura receptora que uno se puede olvidar de su origen: ¿quién recuerda que los "tomates provenzales" fueron llevados de Sudamérica a Europa por los grandes viajeros del siglo XVI? ¿Y que, además, también llevaron la papa, el maíz y el chocolate?

Oro por cuentas de vidrio

No sólo el vidrio es vidrioso

Dice mi padre que mi abuela era una gran repostera. Yo todavía guardo el sabor de aquellos deliciosos buñuelos que nos preparaba para la cena de navidad. ¡Mmh! Exquisitos. Pero dice también que lo verdaderamente fuera de este mundo era un caramelo que preparaba sólo para las grandes ocasiones. Se trataba de una receta secreta. Obviamente calentaba los cristalitos de azúcar hasta que se derretían. Y luego dejaba enfriar hasta que el azúcar, ya líquida, se endurecía. Pero, ¿qué le agregaba? ¿cuáles eran los demás ingredientes? ¡Quién sabe! Mi abuela, como buena alvaradeña... ¡nunca compartió su receta!

El caramelo es interesante porque a primera vista parece un líquido. Pero si uno lo toca (claro, una vez que se haya enfriado lo suficiente) se da uno cuenta que es... ¡totalmente sólido! Es decir, el caramelo es sólido a pesar de que parece líquido.

El proceso de la formación del caramelo también tiene lo suyo. El azúcar parece transformarse en otra cosa. Pero, no es cierto. Siempre sigue siendo azúcar. Es azúcar antes, durante y al final. Es azúcar cuando está en la azucarera, es azúcar cuando se derrite y sigue siendo azúcar cuando finalmente se endurece para dar lugar al caramelo. Al principio, está en forma sólida cristalina, luego en forma líquida y, por último, en forma sólida "vidriosa". De cristalino a líquido a vidrioso. O hablando sin cuidado (cambiando adjetivos por sustantivos), solemos decir: de cristal a líquido y luego a vidrio.

En realidad, el vidrio es más un estado físico que una sustancia o un material específico. Es el estado de un material rígido con las propiedades externas de un sólido pero con una estructura interna más parecida a la de un líquido, es decir, más desordenada. Cuando al enfriar una sustancia líquida, ésta se endurece sin formar cristales se forma un vidrio. O mejor dicho queda en estado vidrioso.

En este sentido, muchas sustancias, como es el caso del azúcar, pueden formar vidrios. Sin embargo, en lo que la mayoría de la gente piensa cuando se refiere al vidrio es en el material que se usa para hacer ventanas y botellas que se fabrica a partir de la arena. Este material es indiscutiblemente el más representativo del estado vidrioso. Tanto que se llama así precisamente: vidrio.

Naturalmente es vidrio

La ciudad de México no siempre ha sido el inabarcable amasijo de coches, edificios y humo que es ahora. Alguna vez hubo campo en la ciudad. Bueno, no exactamente. Lo que había eran muchos lotes baldíos en los barrios más alejados. Mi casa estaba rodeada por varios terrenos sin construir. Y ahí crecía la vegetación, la misma que había estado durante miles de años. Y la tierra sobre la que jugábamos a las canicas también era la misma que había estado ahí desde hacía tantos siglos. Y muchas veces en esos campos, colonizados por la ciudad, llegué a encontrar un increíble tesoro: oscuras joyas centelleantes que me convertían, así, por la magia de mis nueve años, en un intrépido caballero tigre.

En la actualidad, el hombre fabrica vidrio. Pero la naturaleza también lo hace. Y desde mucho tiempo antes. Simplemente, nuestros antepasados ya usaban el vidrio natural desde hace más 75,000 años para fabricar cuchillos y flechas. Mucho pero mucho antes de que aprendiéramos a hacer vidrio.

Hay 4 tipos de vidrio natural:

Obsidiana. Mineral volcánico de color negro o verde muy oscuro fundido durante la actividad volcánica que no se recristalizó al enfriarse.

Pómez. Piedra volcánica, esponjosa, frágil, de color agrisado y textura fibrosa, que raya el vidrio y el acero y es muy usada para desgastar y pulir.

Fulgurita. Mineral en forma de tubos delgados que se encuentra en las playas o en las dunas de arena. Se produce cuando un rayo penetra en la tierra fundiendo las sustancias silíceas con que se tropieza.

Tectitas. Son pequeñas cuentas encontradas en muy diferentes lugares del mundo pero especialmente en el área del Pacífico entre Japón y Australia. Su composición es tan inusual que probablemente estén relacionadas con algún tipo de impacto extraterrestre.

Vidrio hecho por el *Homo sapiens*

Hace mucho, mucho tiempo, en Siria, unos incansables mercaderes se dirigían hacia Egipto para vender sus mercancías. Iban cargados de natrón (nuestro actual carbonato de sodio, Na_2CO_3). Los egipcios lo usarían para el aseo de los dientes, para el baño, para limpiar la loza y, muy importante, para la momificación de sus ciudadanos más notables. Al lado del Río Belus, en Fenicia, se detuvieron para comer. Buscaron, como siempre, algunas piedras para colocar sus ollas. Pero, ¡no había una sola piedra en los alrededores! En vez de las piedras, decidieron utilizar algunos trozos de natrón. Cocieron y calentaron sus alimentos, bebieron vino y se dispusieron a dormir. A la mañana siguiente vieron cómo las piedras se habían fundido y habían reaccionado con la arena para producir un material brillante, similar a una piedra artificial: el vidrio.

Esta historia no la inventé yo, sino mi tocayo, Plinio el Viejo (23-79 d. C.), en su *Historia natural*.

En realidad, el hombre debió aprender a fabricar el vidrio muchísimo tiempo antes de la época en que vivió Plinio el Viejo. Hoy se sabe, por ejemplo, que en el 2600 a. C. Los egipcios ya fabricaban diversos artículos de vidrio. Y se cree que la fabricación de cuentas de vidrio pudo haber empezado inclusive 3,000 años antes.

En la actualidad, la humanidad produce cientos de diferentes vidrios comerciales. La composición de los vidrios puede variar ampliamente pero la mayoría de ellos pertenece a una de cuatro grandes categorías:

Vidrio sódico-cálcico. Este es el vidrio más ampliamente utilizado en el mundo. Es el vidrio que usaban los antiguos egipcios y romanos. También representa más del 90% del vidrio que usamos en la actualidad. Es barato, relativamente fácil de fundir y fabricar, y adecuado para una enorme variedad de usos. Se prepara fundiendo una mezcla aproximada de 66% de arena (sílice, SiO_2), 15% de soda (carbonato de sodio, Na_2CO_3) y 10% de cal (óxido de calcio, CaO) más un pequeño porcentaje de otros óxidos. Las proporciones han cambiado muy poco en los últimos 4,000 años. Éste es el familiar vidrio que se usa para fabricar ventanas, botellas, jarras y focos. Para fines prácticos, es químicamente inerte. Es decir, prácticamente no reacciona con ninguna otra sustancia. Sin embargo, su resistencia térmica es limitada. Grandes y repentinos cambios de temperatura hacen que se rompa.

Vidrio de plomo. Se hace reemplazando la cal y la soda del vidrio ordinario con óxido de plomo, PbO. Es más caro que el vidrio común pero es más fácil de fundir y de trabajar. Además tiene propiedades físicas únicas. Tiene un alto índice de refracción —lo cual le da más claridad y brillo. Es más suave que otros vidrios por lo que es más fácil de cortar, de grabar y de pulir. El vidrio de plomo se usa para hacer cristales finos y relucientes piezas de arte. También tiene una resistencia eléctrica excelente por lo que se usa en aparatos eléctricos, por ejemplo, en el cinescopio de las televisiones.

Vidrios resistentes al calor. Se hace usando óxido de boro (B_2O_3) en lugar de cal y soda. Este vidrio de borosilicato tiene un coeficiente de expansión térmica muy bajo. Por eso, los moldes para hornear se hacen con este tipo de vidrio. También la mayor parte del material de vidrio que se usa en los laboratorios está fabricado con este tipo de vidrio. Si en vez de óxido de boro se usa alúmina (óxido de aluminio, Al_2O_3) se forma un vidrio de aluminosilicato. Este tipo de vidrio muestra una resistencia al calor aún mayor. Los vidrios de borosilicato y aluminosilicato no sólo son resistentes al calor sino que tienen una resistencia química inusual así como una excepcional durabilidad. Generalmente, se venden bajo marcas comerciales como Pyrex y Kimax.

Vidrio de sílice de alta pureza. Éste es el tipo más durable y de más alta calidad de todos los vidrios. Se puede preparar mediante 3 procesos diferentes: fundiendo cuarzo puro (sílice, SiO_2), preparando sílice al 96% o produciendo sílice fundida mediante hidrólisis a la flama.

Vidrios a la medida

La tecnología asociada con la producción del vidrio ha avanzado enormemente en los últimos años. Añadiendo diversos ingredientes al vidrio fundido o tratando adecuadamente su superficie, se pueden preparar todo tipo de vidrios especiales. Por ejemplo, los vidrios de colores se obtienen agregando pequeñas cantidades de determinadas sustancias. Dichos ingredientes pueden ser alguna sal, algún óxido metálico o, inclusive, algún metal nativo.

Todos usamos cosas de vidrio: jarras, botellas, lentes, ventanas, focos y muchos otros objetos de la vida diaria. Pero además el vidrio se usa para fabricar los cinescopios de la televisión, los monitores de las computadoras, los prismas de los espectrofotómetros, el material de vidrio para los laboratorios e, incluso, las fibras ópticas que están revolucionado el mundo de las comunicaciones.

Los españoles hicieron un buen negocio cuando les pidieron a los indígenas americanos oro por cuentas de vidrio. Quizá hoy el buen negocio sea al contrario: ¡pedir vidrio por oro!

Color	Ingredientes
Rojo	Selenio, Se (u oro, Au)
Amarillo	Sulfuro de níquel (II), NiS (o sulfuro de cadmio (II), CdS)
Verde	Óxido de cromo (III), Cr_2O_3 (u óxido de hierro (III), Fe_2O_3)
Azul verdoso	Óxido de cobre (II), CuO (u óxido de hierro (II), FeO)
Azul	Óxido de cobalto (II), CoO
Violeta	Óxido de manganeso (II), MnO
Negro	Óxido de manganeso (IV) MnO_2 y óxido de níquel (II), NiO
Ámbar	Sulfuro de hierro (III), Fe_2S_3 y carbono, C
Blanco	Fluoruro de calcio, CaF_2 (o cloruro de sodio, NaCl) suspendido en el vidrio

¡Amor y paz!

Los años maravillosos

Nada le fascina más a un niño de 10 años que todo lo que hacen y dicen los jóvenes de 20 años. Así me pasó a mí. Emocionado y atraído por esa única generación en la historia —quizás la que más ha cambiado las relaciones humanas—, fui un gozoso espectador del pelo largo, las barbas hirsutas, los huaraches, los morrales. No sólo tuve mis ojos bien abiertos... también mis oídos: descubrí una música sorprendente: los Rolling Stones, los Doors, Pink Floyd, The Who, Emerson Lake and Palmer, los mismísimos Beatles, Yes, Jethro Tull, Frank Zappa, Santana... (¿cuál me falta?). Cerca, muy cerca de mí, vi desfilar un mundo increíble, asombroso, delirante, donde se vivía una impensable libertad en medio de un mundo irreal de viajes alucinantes, de colores estridentes (¡la enloquecedora psicodelia!) creado, en buena medida, por ciertas drogas como la marihuana y el LSD.

Más tarde —ya en mi generación—, esa bellísima utopía (amor, libertad, placer, paz) se estrelló de frente contra el inexpugnable muro de la realidad. La crueldad de las relaciones sociales, económicas e históricas acabó con ese hermoso sueño. Pero no sólo eso, también las frías e impersonales reglas del juego de la naturaleza hicieron su parte: las maravillosas sustancias, que permitían viajar por los insondables derroteros del inconsciente, resultaron no ser inocuas.

El vicio más antiguo del mundo

Sin lugar a dudas, el consumo de sustancias que provocan algún tipo de embriaguez es tan antiguo como la propia humanidad. Ya en el tercer milenio antes de nuestra era, en la cultura sumeria, se menciona el opio (el residuo sólido del jugo que se extrae de la amapola). Sin embargo, la droga como un problema social, de salud y político es un problema más bien reciente que data apenas de 2 siglos. Por un lado, el advenimiento de la química moderna permitió extraer los principios activos de las plantas con efectos terapéuticos conocidos. Por otro lado, la Revolución Industrial generó un éxodo rural masivo que fue acompañado de un aumento del alcoholismo y del consumo de opio entre los obreros de la Gran Bretaña y de la Europa continental de la época.

Los ancestrales secretos de las plantas, guardados celosamente durante miles de años, finalmente les fueron arrebatados por la química. En 1805, se logró la extracción de la morfina (el principio activo más poderoso del opio). En 1859 se extrajo la cocaína de la hoja de coca. En 1898, la heroína (un opiáceo semisintético derivado de la morfina) empezó a ser utilizado. En 1903, aparecieron los barbitúricos, primeras drogas totalmente sintéticas.

Las guerras contribuyeron a dar a conocer las drogas. La morfina utilizada en 1870 para mitigar los dolores de los heridos, dio lugar a la enfermedad de los soldados: la morfinomanía. La cocaína, utilizada por los pilotos para contrarrestar la fatiga y evitar el miedo, se puso de moda después de la primera Guerra Mundial. Las anfetaminas fueron utilizadas, primero, por los militares durante la segunda Guerra Mundial y luego, una vez restablecida la paz, por los civiles. Las primeras benzodiazepinas para uso médico se empezaron a comercializar a finales de los años cincuenta.

Hasta entonces, el consumo de drogas había estado restringido a grupos marginales. Sin embargo, a partir de los años sesenta y setenta del siglo pasado, el uso de las drogas se fue generalizando hasta convertirse en el inmenso problema social al que nos enfrentamos hoy en día.

Drogas, droguitas y drogotas

Se considera una droga a una sustancia natural o sintética, generalmente ilícita, cuyo consumo provoca un estado modificado de la conciencia. Según su efecto psíquico dominante, se puede hablar de tres grandes tipos de drogas: los estimulantes (cocaína, anfetaminas, nicotina...), los sedantes (los opiáceos —la heroína en particular—, las benzodiazepinas...) y los alucinógenos (ácido lisérgico —LSD—. Cannabis —principio activo de la marihuana—...). Algunas sustancias presentan efectos mixtos: el alcohol es estimulante y desinhibidor antes de ser sedante; la metiléndioximetanfetamina, MDMA, principio activo del éxtasis, es al mismo tiempo estimulante y alucinógeno.

Desde el punto de vista jurídico, clasificar las drogas es más complicado. Hay drogas suaves (o dulces) y hay drogas duras. Hay drogas lícitas e ilícitas. En muchos países europeos, el alcohol y el tabaco se consideran, si no como drogas, en todo caso como sustancias que pueden provocar comportamientos de abuso, de dependencia o de daño a la salud.

Para algunos hablar de drogas suaves (o dulces) es simplemente una contradicción que permite banalizar y hacer parecer aceptable el uso de las drogas. Para otros, al contrario, no es a las drogas a las que hay que calificar de dulces o duras sino a su uso.

A priori, una droga podría ser considerada dulce si cumple con las siguientes tres condiciones:
- Que tan sólo provoca una débil dependencia psíquica.
- Que no provoque dependencia física.
- Y que sea poco tóxica.

La Cannabis de la marihuana parece cumplir con estos criterios. Mientras que su toxicidad (el daño que causa en los pulmones) es un hecho comprobado, su relación con las enfermedades siquiátricas (¿desencadena una patología subyacente o ella misma la provoca?) continúa siendo aún un tema de debate.

La otra droga que tiene una extendida fama de inocuidad es *el éxtasis*. Su consumo se ha extendido de golpe por todo el mundo.

Presenta simultáneamente tanto las propiedades de un estimulante como las de un alucinógeno. El éxtasis es una droga que quita las inhibiciones y favorece la comunicación con los demás. Su aparente inocuidad tiene que ver con un efecto psíquico moderado que parece ser manejable por el consumidor a diferencia del que provoca el LSD, por ejemplo. Sin embargo, a partir de investigaciones en animales como roedores y primates, algunos neurobiólogos se han convencido de la gran toxicidad de la MDMA, el principio activo del éxtasis, sobre ciertas neuronas.

Mensajeros moleculares

Cuando en la escuela me platicaron por primera vez acerca del Sistema Nervioso en nuestros cuerpos, yo me imaginé que las neuronas estaban conectadas entre sí de alguna manera y que la transmisión de la información y de los impulsos eléctricos ocurría de un modo muy similar a como fluye la corriente en los cables eléctricos. Ahora sé que no es así: ¡las neuronas no se tocan nunca! Están separadas una cierta distancia (el llamado espacio sináptico). La transmisión de la información ocurre mediante un proceso químico. Moléculas de unas sustancias llamadas neurotransmisores son liberadas por la neurona precedente, luego atraviesan el espacio sináptico hasta fijarse finalmente en los receptores de la siguiente neurona. Hoy se conocen varias decenas de estas sustancias cuyas moléculas actúan como curiosos y diminutos mensajeros entre neuronas: la acetilcolina, la dopamina, la serotonina y la norepinefrina, entre otros.

Las drogas alteran el estado de conciencia de los consumidores precisamente porque interfieren con los mecanismos fundamentales de transmisión de la información de una neurona a otra. Por ejemplo, muchas drogas liberan un neurotransmisor, la dopamina, que estimula una red de neuronas llamada "sistema de recompensa" o "sistema hedónico" que provoca, a su vez, una sensación de placer. La acción de este tipo de drogas parece ser más intensa y más rápida si se fuman o se inyectan que si simplemente se ingieren por vía oral.

Los calmantes como la heroína actúan de otra manera. El mecanismo natural para mitigar el dolor implica la estimulación de ciertos receptores neuronales por unos neurotransmisores llamados endorfinas (nuestros calmantes naturales). Desde los años setenta se sabe que las moléculas de heroína se fijan en dichos receptores y, al hacerlo, se activa la función de disminuir la intensidad de los mensajes dolorosos. Es decir, las moléculas de heroína suplantan a los calmantes naturales. Un mecanismo similar ocurre con las benzodiazepinas (medicamentos recetados contra la ansiedad o para inducir el sueño) y la Cannabis.

En cambio, los estimulantes como la cocaína o las anfetaminas actúan mediante otro mecanismo: no se fijan en los receptores sino que favorecen la liberación de un neurotransmisor llamado noradrenalina que tiene la propiedad de estimular las funciones de alerta del Sistema Nervioso.

Por otro lado, los alucinógenos actúan principalmente sobre las redes de neuronas en las que el mensajero molecular es la serotonina. Ésta juega un papel importante en la transmisión de las informaciones sensoriales. De ahí los espectaculares efectos que provocan este tipo de drogas.

Depende...

Se habla de dependencia cuando el consumo de droga es regular y constituye el eje a partir del cual se organiza la vida del sujeto. La dependencia va llevando, poco a poco, a un creciente aislamiento social y a un paulatino deterioro de la salud. El fenómeno puede ser únicamente psíquico o, además, físico.

La dependencia psíquica de los estimulantes se manifiesta por una tendencia repetitiva y compulsiva por consumirlos y el desinterés por cualquier otra actividad (la nutrición, la sexualidad, el sueño). Sin embargo, el detener de golpe su consumo no provoca síndrome de abstinencia.

En cambio, el alcohol, los opiáceos, los barbitúricos y las benzodiazepinas generan, bien y bonito, una dependencia física que se añade a la dependencia psíquica. Tomemos como ejemplo la heroína para explicar en qué consiste la dependencia física. Mientras se está consumiendo heroína, el organismo deja de producir endorfinas. Al detener repentinamente su consumo, los receptores encargados de mitigar el dolor dejan de ser estimulados. Nuestro organismo requiere de varios días para sintetizar las endorfinas. Mientras tanto, el sujeto siente dolores intensos y difusos, así como una inexplicable ansiedad. Este síndrome puede ser particularmente severo en el caso de los alcohólicos (el famoso *delirium tremens* se caracteriza por alucinaciones y problemas de conciencia) o en el caso de los grandes consumidores de benzodiazepinas (en el que se presentan crisis convulsivas).

Música y bioquímica

Aún conservo mis discos de acetato de aquella época. Pero ya no tengo donde oírlos. La tecnología de los discos compactos mandó a las tornamesas al cementerio de la historia. He tardado muchos años tratando de rehacer aquel increíble acervo musical pero ahora en discos compactos. Entro a las tiendas de discos, camino, observo, busco, recuerdo, pienso.

Aquellos jóvenes de los sesenta y los setenta no sabían, no podían saber la extraordinaria complejidad de los procesos neurológicos. ¿Cómo podían siquiera imaginar las moléculas, sus formas y las formas complementarias de los receptores como los de una cerradura y una llave? ¿Cómo podían imaginar las funestas consecuencias de consumir esas sustancias que parecían orquestar la armonía del cosmos? ¿Cómo?

¡Patti Smith! ¡Eso es! Nunca creí encontrarlo. *Because the night belongs to lovers...* La sala a media luz. La Comandante en Jefe, allá. Yo, acá. O los dos juntos, total ¿qué? ¿Un café? ¿O mejor un brandy? Mmmh, no sé. Bueno, nada más uno.

Un momento: ¿cuándo dijeron los niños que había que llevarlos a su fiesta de fin de cursos?

¡Acapulco en la azotea!

¡Lavadoras automáticas!

Cuando niño, pasaban en la televisión un comercial extraordinario. Extraordinario por lo bobo, por lo simple y... ¡por lo efectivo! Un señor gordo, cuarentón, con una playera de cuello redondo y una gorra como ésas que se les ponen a los muñecos de nieve (casi toda enrollada a la altura de la frente y rematando con una ridícula bola de estambre), narizón, medio pelón pero sim-pa-ti-quí-si-mo —interpretado por el gran actor de teatro Luis Gimeno—, cargando tan sólo una cubeta y una bolsa de detergente para ropa, pasaba por todas las casas del vecindario gritando: ¡lavadoras automáticas! ¡lavadoras automáticas! Inmediatamente salían 3 o 4 amas de casa para conocer tan insólita oferta. Don Luis Gimeno (su personaje, más bien), subía a la azotea correspondiente acompañado de las escépticas amas de casa. Luego, delante de ellas, llevaba a cabo una impresionante comprobación científica del increíble poder limpiador de su detergente: tomaba dos prendas, ya de por sí sucias, y todavía les derramaba encima alguna mezcla "supermanchadora" (catsup, mostaza, mole y grasa de auto, por ejemplo). Luego, metía una dentro de una verdadera lavadora con un detergente de otra marca mientras que la otra prenda simplemente la depositaba dentro de su cubeta, la cual contenía sólo agua y un poco de su maravilloso detergente. Tiempo después (tan sólo unos segundos en el comercial) sacaba ambas prendas y las mostraba a sus sorprendidí-

simas clientas. Aquella, la de la lavadora, aunque más limpia, todavía mostraba algunos vestigios de mugre. Pero, ésta, la de la cubeta y el maravilloso detergente, no mostraba nada excepto blancura. Impoluta, impecable, únicamente remojada en el detergente, había quedado finalmente más blanca que la nieve.

El lavado de la ropa, aunque basado en los mismos factores (agua, jabón, frotamiento, etcétera) ha ido mejorando con el tiempo. La variedad de sustancias limpiadoras (jabones y detergentes) que hay hoy en día en el mercado es realmente increíble. Hay de todo tipo de detergentes y para todo tipo de ropa. Y ¿qué decir de la técnica misma del lavado? En las lavadoras más modernas, el lavado se realiza en seis, siete ciclos. Con agua caliente, luego fría, otra vez caliente, medio tibiecita, un poquito más fría y así por el estilo. Ciclos de tres minutos, de cinco y algunos más de cuatro. Lo que sea.

Es un hecho que hoy la ropa se lava mucho mejor que en la época de la China Imperial o en la de los faraones egipcios. Sin embargo, los fabricantes de detergentes y de lavadoras nunca han podido explicar cómo sus productos lavan tan bien y tan rápido. ¡Quién sabe cómo funcionan... pero funcionan!

Aunque el experimento de Don Luis Gimeno, en el comercial, era indudablemente espectacular estaba muy pero muy lejos de lo que es realmente un experimento científico. Investigar científicamente cómo se limpia la ropa no es tan fácil como tomar el Sol en Acapulco ni tampoco bastan una cubeta y una gran elocuencia. Aunque lo hayamos visto y lo hayamos hecho muchas veces, el proceso es en realidad muy complicado.

Hay, por lo menos, cuatro factores a considerar:
- La temperatura
- La duración del proceso de lavado
- La acción química del detergente
- La acción mecánica

La temperatura no es más que un indicador de la energía cinética promedio de las partículas (átomos, moléculas o iones) de las sustancias. Es decir, si la temperatura de cierta sustancia es demasiado alta, quiere decir que sus partículas se mueven muy rápidamente. Así, en el proceso de lavado, al aumentar la temperatura se acelera el movimiento tanto de las moléculas de agua como de las del detergente, dando como resultado una mayor y mejor disolución de las manchas de mugre.

Del mismo modo, entre mayor sea la duración del lavado, los fenómenos fisicoquímicos tendrán más tiempo para producirse y, por lo tanto, la ropa se lavará mejor. En otras palabras, si se quiere reducir la energía utilizada para el lavado sin afectar su calidad, tenemos que voltear hacia los otros dos factores: la acción del detergente y la frotación de la ropa.

Moléculas versátiles

¿Podría un comercial acerca de detergentes para ropa ser diferente? ¿podría faltar la comparación entre dos marcas de detergentes? ¿podría faltar la catsup? ¿o el mole, aquí en México? ¿podrían las amas de casa ser, además de hermosas treintañeras, un poco (aunque sea un poco) inteligentes? ¿podría no haber ropa de algún niño de 8 o 10 años después del partido de futbol o de beisbol? No, no hay modo de cambiar el guión de un comercial sobre detergentes para ropa o máquinas de lavar. Los comerciales de detergentes para ropa (así como las telenovelas) son un ya género propiamente dicho. Literalmente, aquí y en China, este tipo de comerciales han sido, son y serán siempre iguales.

Los detergentes y jabones tienen una estructura molecular muy singular. Son moléculas polares y no-polares al mismo tiempo. O, mejor dicho, una parte de ellas es polar mientras que la otra parte es no polar. Lo de polar se refiere, efectivamente, a que en alguna parte de la molécula existen polos eléctricos. Todas las partículas químicas (átomos, moléculas o iones) están formadas por una parte positiva —los núcleos— y otra negativa —los electrones.

Si en una molécula, los electrones se encuentran más cerca de un núcleo que de otro, es decir, si se distribuyen asimétricamente, se forman dos polos eléctricos: uno negativo (donde sobra densidad electrónica) y otro positivo (donde falta densidad electrónica). Se dice que se trata de moléculas polares. Por el contrario, si la distribución de los electrones entre los núcleos es muy simétrica se trata de moléculas no-polares. Una conocidísima regla química dice que lo similar disuelve a lo similar: sustancias polares a otras polares y sustancias no-polares a otras no-polares.

La peculiaridad de las moléculas de los detergentes es que, teniendo una parte polar y otra no–polar, se pueden disolver en ambos tipos de sustancias. Esa es la razón por la que sirven para limpiar: con su cadena no-polar se mezclan con la mugre (normalmente una mezcla de sustancias no-polares) mientras que con su cabecita polar se pueden disolver en el agua. El agua sin jabón es incapaz de quitar la mugre puesto que sus moléculas polares no se pueden mezclar con las moléculas no-polares de la grasa.

En sistemas donde se tienen dos materiales de distinta polaridad —como aire y agua, aceite y agua o agua y tejido—, las moléculas de detergente se ubican en la fronterita entre ellos hundiendo la cola en el material no-polar y la cabeza en el polar. Al poner ropa a remojar con apenas la cantidad de jabón suficiente, casi todas sus partículas se sitúan entre los tejidos y casi ninguna en el agua de lavado.

Cuando las partículas de jabón no pueden instalarse en alguna interfase, se reacomodan entre ellas volteando su cabeza polar hacia el agua y juntando todas las colas no–polares hacia el interior. El resultado es la formación de unas como pelotitas llamadas *micelas*.

Secuestro *express*

Una mancha de mugre es una presa soñada para las moléculas de detergente. La mancha es un conglomerado inmenso comparado con las partículas de jabón. Éstas pueden introducir su cola entre las moléculas no-polares de la mugre y dejar su cabeza polar interactuar con el agua. Se forma una micela en cuyo centro queda disuelto un pedazo de la mancha. La atracción electrostática entre las moléculas de agua y las cabecitas expuestas de las micelas hace que el agua de lavado arrastre a las micelas (con todo y las partículas grasosas) hacia el exterior del tejido.

¡Más vale que sobre!

Para que una mancha de grasa se desprenda del tejido, se requiere de la participación de una gran cantidad de moléculas de detergente. Entre más sean las que interactúen con la mancha, mayor será la fuerza que hará que se desprenda. Se puede calcular la concentración mínima de detergente para que todas las superficies de la prenda estén cubiertas por sus moléculas. A esta concentración se le llama *concentración micelar crítica* y se determina en reposo, es decir, en las mismas condiciones de las dizque "lavadoras automáticas" del comercial, es decir, tan sólo remojando la ropa. A la concentración micelar crítica, la concentración de detergente en el agua de lavado es mil veces menor que sobre el tejido.

Sin embargo, lo que ocurre en una lavadora es mucho más complejo. En el tambor de la máquina, la ropa es sometida a grandes tensiones mecánicas y el agua circula en todas direcciones. Las fibras de los tejidos son estiradas y luego comprimidas sin cesar. Las superficies disponibles para recibir a las partículas detergentes de momento se agrandan y un instante después se achican. Una enorme cantidad de moléculas de detergente son arrastradas lejos del tejido hacia el agua de lavado y viceversa. Además la propia ropa, al estirarse y luego contraerse, se "aleja" —por así decirlo— de las partículas de detergente que se encuentren en la vecindad de los tejidos. Dicho de otro modo, en estas condiciones no hay, todo el tiempo, suficientes moléculas de detergente en las vecindades de los tejidos. Para asegurarse que la superficie del tejido esté siempre saturada se requieren concentraciones de detergente de dos a diez veces mayores que la concentración micelar crítica.

Pues aquí... ¡tallándole!

¡Acapulco en la azotea! ¡Acapulco en la azotea! Pasa Luis Gimeno gritando por toda la calle. Pronto , él y las jóvenes y hermosas amas de casa se encuentran en alguna azotea. Luis Gimeno toma las mugrosísimas prendas, las coloca en la cubeta con agua y vierte su detergente. Luego, cada quien con su abanico, en traje de baño (ellas en un bikini un tanto cuanto conservador, él en calzón con motitas) se disponen a tomar el Sol en sus respectivas hamacas. ¡No hay que tallar! Únicamente acostarse bajo el Sol.

Sin embargo, el proceso del lavado es, en realidad, un poco más complejo. Las moléculas de detergente, situadas entre el tejido y el agua, muy probablemente se acomodan formando una bicapa: una primera capa de moléculas con sus cabezas fuertemente enraizadas en el tejido y una segunda capa de moléculas con sus cabezas disueltas en el agua. Las colas de ambas capas de moléculas se mezclan en el centro de la bicapa. La primera capa de detergente está solidamente anclada en el tejido. La otra capa, en cambio, es arrastrada por el agua en movimiento. De este modo, la segunda capa se desliza sobre la primera. Este deslizamiento continúa hasta que las moléculas se topan con algún obstáculo: una mancha de grasa. Las moléculas del detergente se aglutinan sobre el obstáculo. Esta acumulación de moléculas que tratan de mantener su cabeza dentro del agua y de disolver su cola en la mancha genera una fuerza que desestabiliza a esta última. Llega un momento en que un cierto número de moléculas se desprenden en forma de micelas llevando una fracción de la mancha disuelta en su interior.

Durante el deslizamiento de la doble capa, entran y salen micelas constantemente en lo que parecería un extraño pero bello *ballet* molecular. A la entrada del poro, llegan las moléculas de detergente en forma de micelas, se desdoblan y se incorporan a la doble capa. A la salida del poro —donde acaba la doble capa— se reforman las micelas, eventualmente llevando en su seno una fracción de la mancha.

Estos mecanismos en los que se forman y se deshacen micelas son sumamente lentos. Tanto que el flujo a través del poro apenas si se da. De hecho, la solución detergente no es capaz de atravesar los pequeños poros más que cuando estos son agrandados mediante la torsión y el estiramiento de la prenda. Entonces, para que el complejo proceso del lavado tenga lugar, es indispensable una buena acción mecánica.

Ilusiones perdidas

Lamentablemente para la salud ambiental de nuestro planeta, jamás se podrá reducir significativamente la cantidad de detergente porque su concentración tiene que ser forzosamente muy superior a la concentración micelar critica.

Desafortunadamente también para don Luis Gimeno y sus perezosas amigas, las lavadoras automáticas son una utopía. Ni modo… ¡hay que tallarle!

Las cuentas claras y el chocolate espeso

La comida de los dioses

Comalcalco, 1978.

Casi a 40 °C, en pleno verano, Tabasco. Él, el papá de la novia, nos muestra sus propiedades: una enorme plantación de árboles frutales. "¿Una cervecita? Vengan les voy a enseñar algo". En realidad no nos dio ninguna cervecita. En cambio, se dirigió a un árbol frondoso, tomó el machete y cortó directamente del tronco un extraño fruto con forma alargada, de unos 15 o 20 cm de largo, atravesado por unas llamativas franjas rojas y amarillas. Con gran habilidad, abrió el fruto y nos ofreció un puño de semillas envueltas en una pulpa blanca. Nos comimos la pulpa y escupimos las semillas. Una auténtica revelación. Su sabor era exquisito. Un poco como el de la guanábana pero no tan dulce. Era la pulpa del cacao.

El árbol del cacao, originalmente nativo del sur de México, de Centroamérica y de Sudamérica, ahora es cultivado también en otras partes del mundo, todas ellas a 15-20° del ecuador. Del tronco y de las ramas le crecen unas pequeñas flores que eventualmente son polinizadas por unas pequeñas mosquitas parecidas a los jejenes. Los frutos ya maduros son unas vainas de 200 g a 1 kg de peso que pueden alcanzar una longitud de 10 a 35 cm. Estas vainas contienen entre 30 y 40 semillas con forma de almendra, rodeadas de una pulpa dulce. Cuando maduran, en unos cinco o seis meses, se puede separarlas del tronco jalándolas con la mano. Luego, con un cuchillo (o con cualquier palo) se abren las vainas y se extraen las semillas. El cacao era tan valorado entre los prehispánicos que lo llamaban *la comida de los dioses*. Por eso, Linneas, en 1735, le puso al árbol del cacao el nombre científico *Theobroma cacao*, que *theobroma*, en latín, significa precisamente *comida de los dioses*.

Del árbol de cacao a los dulces de chocolate

Los Azufres, 1976.
¡Brrr! ¡Qué frío! ¿Dónde andarán los demás? ¿Quién tendrá la guitarra? ¿Habrá suficiente leña? Sí, ¡tiene que haber! ¡La fogata!, hay que hacer una fogata. ¡Brrr! ¡Qué frío! No, ya sé, un chocolatito. Sí eso. En lo que los demás aparecen voy a ir preparando un buen chocolate. ¡Brrr! ¡Qué frío!

Hacer chocolate es una tarea relativamente fácil. Se calienta agua o leche casi en ebullición, se le agregan las barras de chocolate necesarias y luego —aquí viene lo difícil— se bate y se bate hasta que se alcance la consistencia adecuada. Sin embargo, hacer las barras de chocolate a partir de las semillas de cacao, eso sí es difícil. Se trata de un proceso largo y complicado. Básicamente, consiste de las siguientes etapas:

1. *Fermentación.* Para que ocurra, una pila de semillas de cacao se deja cubierta con cáscaras de plátano durante unos 5 o 7 días, dependiendo del tipo de cacao y del tipo de terreno.

2. *Secado.* Las semillas se dejan secar durante una o dos semanas para eliminar la humedad. Ya secas, se forman unas semillas duras que pueden ser fácilmente transportadas hasta donde se encuentre el fabricante.

3. *Tostado.* Se trata, en realidad, de un calentamiento controlado de las semillas de cacao. Este proceso puede durar entre 70 minutos y casi dos horas y es absolutamente esencial para el total desarrollo del sabor y el aroma del chocolate.

4. *Molido*. Se le quita la cáscara y la pepita que queda se muele. Este proceso genera tanto calor que la *mantequilla de cacao* contenida en la semilla se funde, formando un líquido llamado *licor de chocolate*. Este licor no contiene alcohol sino 55% de grasa, 17% de azúcares y 11% de proteínas más otras cosas. Cuando se solidifica forma el conocido chocolate amargo. De hecho, el licor de chocolate es el ingrediente que está presente en todos los dulces de chocolate. Los demás ingredientes (azúcar, mantequilla de cacao, cacao en polvo y leche) se añaden en distintas cantidades según el dulce de que se trate.

El sabor y el color del chocolate

Los Azufres, 1976.

El tarro de chocolate. Las manos calentándose. Y Violeta Parra. Y Los Calchakis. Inti Illimani. Víctor Jara, Soledad Bravo, Los Folcloristas, Mercedes Sosa, Atahualpa Yupanqui, Tania Libertad, Daniel Viglietti, Amparo Ochoa, Alfredo Zitarrosa. Y el calor del chocolate. Y el color del chocolate. Y el sabor inenarrable del chocolate.

Más que hablar del sabor del chocolate, tendríamos que hablar de los sabores del chocolate. Porque hay muchísimas sustancias en el chocolate. Y varias de ellas contribuyen a su sabor, color y consistencia. De hecho, en el producto ya terminado (después de la fermentación y el procesado) se han identificado unas 400 sustancias. Vale la pena señalar que el número de sustancias conocidas es mucho mayor. Se tienen registradas más de 70 millones de sustancias (¡más las que se acumulen esta semana!). Evidentemente, manejar un número tan grande de sustancias es incómodo y difícil. Por eso, los químicos las han clasificado por familias. Aquellas sustancias con propiedades y estructuras moleculares parecidas se clasifican en una misma familia. Por ejemplo, la sacarosa, la glucosa y la fructosa pertenecen a la familia de los azúcares. No hay un alcohol sino muchos alcoholes, uno de los cuales es el popularísimo etanol. Del mismo modo, la acetona es tan sólo un miembro distinguido de toda una familia, la de las cetonas. Para las sustancias orgánicas (que siempre contienen carbono), también es útil clasificarlas según la forma de sus moléculas (lineales o cíclicas) y si contienen algún otro elemento distinto del carbono (heterocíclicas, por ejemplo). Así, en la Tabla 1, se muestran las sustancias identificadas en el chocolate según su familia y estructura.

Tabla 1. Sustancias identificadas en el chocolate				
Familia	Alifáticas	Aromáticas	Familia	Heterocíclicas
Ácidos	22	15	Furanos	19
Alcoholes	23	5	γ-Lactonas	6
Aldehídos	18	6	Oxasoles	4
Azufradas	12	2	Pirazinas	74
Cetonas	25	5	Piridinas	8
Ésteres	44	12	Pironas	4
Éteres	8	3	Pirroles	10
Fenoles	0	7	Quinolina	1
Hidrocarburos	15	32	Quinoxalinas	3
Nitrogenadas	9	4	Tiazonas	3
	176	91		132
			Total	399

Durante la fermentación ocurren un sinnúmero de reacciones bioquímicas que conducen a la formación de numerosos precursores de sabor. Estos precursores siguen reaccionando para formar aquellas sustancias que finalmente dan el sabor del chocolate. Los principales precursores son de la familia de los aminoácidos y los péptidos (sustancias nitrogenadas) y se forman durante la fase anaeróbica de la fermentación. Aparentemente, las semillas de cacao alcanzan a germinar brevemente aunque se mueren rápidamente con la temperatura y la acidez presentes. Esto es importante porque se sabe que las semillas no germinadas no producen el sabor del chocolate en el producto terminado.

Durante el secado, se pierden agua y ácidos volátiles de bajo punto de ebullición como el ácido acético (principal componente del vinagre). En esta parte del proceso, empieza a desarrollarse el característico color café del chocolate.

Sin duda, es el tostado el paso más importante del proceso. Durante esta etapa, ocurren simultáneamente un complejo conjunto de reacciones químicas a partir de una gran variedad de sustancias dando lugar a diversos intermediarios y productos.

En un primer momento, algunas sustancias nitrogenadas (básicamente aminas) reaccionan, en presencia de agua, con algunos azúcares tales como glucosa, fructosa, maltosa o lactosa. Los productos de estas reacciones no podrían seguir reaccionando, sin embargo, sus moléculas se rearreglan dando lugar a otras sustancias —llamadas productos de isomerización— que, éstas sí, pueden seguir reaccionando.

En el siguiente momento, a partir de los productos de isomerización se forman los numerosos compuestos que le dan el sabor al chocolate. Finalmente, estos productos intermedios pueden reaccionar para formar las melanoidinas, pigmentos insolubles de color café oscuro que le dan su color al chocolate. No se sabe con precisión las estructuras de estas sustancias. Sólo se sabe que tienen una masa molar de 100,000 g/mol[1]. No se han podido aislar ni caracterizar ninguna de ellas. Son las principales responsables del color que desarrollan los alimentos cuando se cuecen, se hornean o se tuestan.

---

1 Así como *la docena* representa al número 12 y *la gruesa* al número 144, la mol representa al número 602,300 trillones. O sea que la masa molar es la masa de 602,300 trillones de moléculas.

La historia del chocolate

Comalcalco, 1978

Ellas eran 4 o 5 hermanas. Todas guapísimas. Se casaba la mayor y nos invitaron a la boda. Estuvimos una semana entera en este paraíso terrenal. Los días anteriores a la boda ayudamos al papá en los diversos preparativos. Nos paseó, nos llevó a comer jaiba, nos invitó alguna que otra cerveza... y nos contó sus incontables aventuras amorosas. La víspera de la boda, en el balcón, saboreando un tarro de chocolate caliente, evocábamos aquellas fantásticas hazañas. Al otro día, la boda de Yayo y Yoya. La boda de Gloria y Gerardo. Pero ésa... ¡ésa es otra historia!

Los vestigios más antiguos del chocolate datan de la civilización olmeca (1500-400 a. C) que floreció en lo que es ahora Centroamérica y el sur de México. Los mayas establecieron las primeras plantaciones de cacao en la península de Yucatán.

Cuando los españoles llegaron a México, descubrieron que las semillas de cacao eran de gran valor. Se usaban para producir una bebida altamente valorada y también como moneda. Con 100 semillas de cacao se podía comprar un esclavo. Con 10, un conejo.

Al principio, a los españoles no les gustó la bebida del cacao. Poco a poco, la fueron transformando de una bebida espumosa, amarga y fría en una con muchos sabores, dulce y caliente. En la primera mitad del siglo XVII, el chocolate ya se había hecho muy popular entre la corte española y pronto su gusto se difundió por toda la aristocracia europea.

Aquella bebida era demasiado grasosa para nuestros estándares. En 1828, el químico danés Conrad van Houten ideó un método de compresión para eliminar la grasa (mantequilla de cacao) de los granos de cacao. Luego desarrolló el proceso "danés" que consistía en agregar álcali (carbonato de sodio o de potasio) al chocolate con el fin de mejorar su solubilidad. En 1847, Fry & Sons combinaron la mantequilla de cacao con cacao no comprimido y le añadieron azúcar para producir las primeras barras de chocolate. Casi 30 años después, el innovador suizo Henry Nestlé (inventor de la leche condensada) y el chocolatero suizo Daniel Peter le añadieron leche en polvo para producir la primera leche de chocolate.

Complejidad

Ciudad de México, 2012.
Algún restaurante suficientemente tranquilo, suficientemente bohemio.
La política, el poder, la historia. Las relaciones humanas.
Este chocolate de agua (¡maldita intolerancia a la lactosa!): tantas sustancias que le dan su sabor, tantas que le dan su color y textura... y tantas malditas reacciones para formarlas.
¡Qué complicación!
Slurp.

Si no... ¡me pongo muy nervioso!

¡Soy Chiva... y qué!

Sin duda, el futbol sóccer es el deporte nacional de México. Sin duda, también, Chivas de Guadalajara es el equipo más popular de este país. Cuentan que Don Fernando Marcos, el famoso comentarista de deportes, fue el responsable del nombre —que hoy es el grito de guerra de sus seguidores— cuando, un día viéndolos jugar con gran desorden, señaló: "¡éstos corren como chivas locas!"

La anécdota sobre el origen del nombre de las Chivas del Guadalajara me recuerda la leyenda sobre el descubrimiento del café. Hace muchos años, en Arabia, las cabras de un pastor llamado Kaldi, en su incesante búsqueda de alimento, descubrieron unos arbustos y sin mayores preámbulos devoraron sus pequeños frutos rojos. Al poco rato, las voraces cabras retozaban con más brío que de costumbre, parecían más activas, más contentas. Kaldi, extrañado decidió probar él mismo aquellos misteriosos frutos e inmediatamente lo embargó la euforia, se puso a bailar y aquella noche durmió menos que de costumbre. Kaldi comentó su hallazgo a uno de sus vecinos, un ferviente seguidor del Corán. Éste, no sólo obtuvo los mismos resultados sino que luego supo, del propio Mahoma, el secreto para preparar café a partir de los granos secos de aquellos frutos.

Dicho arbusto es el cafeto, una planta de la familia de las rubiáceas, originaria de Abisinia (actualmente Etiopía), de cuatro a seis metros de altura, con hojas de un hermoso color verde, flores blancas olorosas y un fruto rojo que contiene dos semillas rodeadas de una pulpa dulce.

En realidad, el ser humano ha consumido los frutos del cafeto desde mucho antes que de los tiempos del legendario Kaldi, desde hace unos 4,000 años. Entonces, se masticaban los frutos directamente o se comían en forma de unas deliciosas galletas.

No fue sino hasta el siglo XIV, en el mundo árabe, que el café se empezó a preparar mediante la infusión de los granos tostados. Las primeras "casas de café" aparecieron en La Meca, en 1430. En el siglo XVI, el café llegó a Turquía y después a Venecia, en 1615. Medio siglo más tarde, hizo su entrada a la corte de Luis XIV como un regalo del embajador de Turquía. En 1658, los holandeses pusieron fin al monopolio de Yemen y Etiopía e introdujeron la planta en Ceilán, en la India y finalmente en Java. En 1721, Francia se lanzó a su propia aventura y plantó sus primeros cafetos en las Antillas. De ahí, los brasileños consiguieron algunos granos en 1727. Los ingleses, por su parte, implantaron el cafeto en Jamaica. Así, en menos de un siglo, el arbusto originario de África se diseminó alrededor del planeta ocupando toda la zona comprendida entre los dos trópicos.

¿Delgada o robusta?
—*¿Llevamos de este café? Es de importación.*
—*No sé... ¿Qué dice?*
—*Que es de robusta.*
—*¡Ay, no mana! Mejor del normal porque yo estoy a dieta.*

Existe casi una centena de especies de cafetos, todas ellas originarias de África. Pero sólo dos se cultivan actualmente con fines comerciales, la *Coffea arabica* y la *Coffea canephora*. La primera se conoce simplemente como *la arábiga* y representa alrededor de las tres cuartas partes de la producción mundial. La segunda es *la robusta*. Ésta, dos veces más rica en cafeína que la arábiga, produce una bebida menos aromática y de sabor más fuerte.

La arábiga, bautizada así por Linneo en 1753, es originaria de Etiopía y crece únicamente entre 600 y 2000 metros de altura. Exigente y frágil, no soporta ni el hielo ni las temperaturas muy elevadas. Es vulnerable a numerosas enfermedades y presa del ataque de los insectos.

Respecto a *C. canephora*, la robusta, las damas pueden estar tranquilas porque su nombre nada tiene que ver con la gordura de quien ingiere la bebida, sino con el hecho de que esta especie es más fuerte y más resistente a las enfermedades que *C. arabica*[2]. Es típica de los llanos calientes y húmedos y es originaria del África tropical donde ha sido cultivada desde 1850.

No... ¡pero qué rico huele!

Llega la Comandante en Jefe (tarde como corresponde al jefe de la casa) y me pregunta:
—¿Compraste café?
—Sí, ¿quieres que te prepare una taza?— me apresuro a responder
—No, gracias... pero ¡qué rico huele!

Todo el aroma típico del café no está en los granos verdes. Es necesario tostarlos para que todos sus matices se revelen. Antes se les tiene que extraer de los frutos. Esto puede hacerse por vía seca o por vía húmeda. En la primera, los frutos simplemente se dejan secar y luego se pelan. En la segunda, primero se ablandan en agua, luego se les quita la pulpa, se dejan fermentar en grandes depósitos, se lavan y, finalmente, se pelan.

Los granos así extraídos, todavía verdes, tienen en realidad poco sabor. Contienen azúcares (alrededor del 30%), grasas (12 a 20%), proteínas (10%), agua (6 a 12%), alcaloides (la cafeína: 1.2%

---

2   De hecho, la cafeína —que es la sustancia responsable del efecto estimulante del café— se ha llegado a usar en cremas adelgazadoras ya que activa la producción de las enzimas que degradan las grasas, las llamadas lipasas.

en la arábiga y 2.2% en la robusta), ácidos y sales minerales. Pero al tostarlos, ocurren una serie de reacciones químicas[3] que hacen cambiar la composición de las semillas. A los 185 °C, los aminoácidos de las proteínas y los azúcares reaccionan entre sí generando un gran número de sustancias volátiles en el interior del café. El aroma del grano verde contiene apenas unas 250 sustancias volátiles, mientras que en el del café tostado hay cerca de... ¡900! El color café de los granos tostados se debe a que durante estas reacciones se forman las *melanoidinas* que son los mismos polímeros que le dan su color al chocolate.

Durante mucho tiempo, el café se tostaba sobre ollas de cobre. En la actualidad, se hace en cilindros giratorios para evitar que los granos se tuesten de manera desigual o que se quemen. Los granos son calentados hasta 240 °C durante 12 minutos en promedio. La duración del tostado es importantísima. Si el tostado es demasiado corto, el café adquiere una marcada acidez: las reacciones se quedan a la mitad y, por lo tanto, no se alcanzan a formar todas las sustancias necesarias. Por el contrario, si el tostado dura demasiado, los aromas se escapan del grano y, entonces el café se amarga.

Además, un buen café necesita que el grano verde sea irreprochable. Unos cuantos granos malos son suficientes para echar a perder la cosecha. Las semillas inmaduras, deficientes en azúcares y muy ricas en *ácidos clorogénicos*, le dan a la bebida una nota astringente y amarga.

El tratamiento del fruto para extraer los granos también afecta la composición química del café verde y, por lo tanto, la calidad de la bebida. Sin que se entienda bien por qué todavía, aquellos que son tratados por la vía húmeda dan cafés más dulces —es decir, menos amargos y más ácidos— que aquellos que son secados al Sol.

---

3   Las reacciones químicas son procesos en los que unas sustancias se forman a partir de otras.

El Expreso de Media Noche

¿Por qué las buenas películas sólo las pasan en la madrugada? También a los animales diurnos nos gusta el buen cine. Ya la he visto otras veces... pero vale mucho la pena. ¿Qué haré?¿Cómo mantenerme despierto? Ah, pues como su nombre lo indica: ¡un express a media noche!

Parece mentira... pero es verdad. El café *express* y el de cafetera no saben igual. En las cafeteras, el café se prepara por infusión. El agua hirviendo arrastra las sustancias solubles presentes en el café molido, entre ellas, casi toda la cafeína y numerosos ácidos (el *cítrico*, el *málico* y los *clorogénicos*). En cambio, el *express* se prepara en un tiempo mucho más corto (treinta segundos contra cuatro o seis minutos en la cafetera) haciendo pasar una pequeña cantidad de agua caliente (entre 92 y 94 °C) bajo presión (unas 9 atm) a través de un café finamente molido y comprimido. En estas condiciones, sólo una pequeña porción de los ácidos y tan sólo de 60 a 70 % de la cafeína son transportados a la taza. La presión elevada permite también la extracción de aceites en forma de vapor. Por eso, se forma una emulsión en la superficie de la bebida (la famosa espuma) dentro de la cual muchos compuestos aromáticos volátiles quedan atrapados.

Para preparar un buen *express* se requiere un molido fino, una cantidad precisa de café y una duración de la extracción del orden de 30 segundos. Un poco más y el café sabe a quemado. Un poco menos y queda "aguado". La cantidad de cafeína es proporcional a la duración de la extracción. En consecuencia, contrariamente a lo que se podría pensar un *express* sencillo contiene menos cafeína que una taza grande de americano.

Nervios de acero

En mi anterior sabático, la señora Blanquita (a quien no le gustaba el café) y yo intercambiamos, cada mañana durante todo el año, el siguiente diálogo:

—¿Pongo café, doctor?
—Si, por favor, Blanquita.
—¿Cómo puede tomar café tan temprano?
—Es que si no... ¡me pongo muy nervioso!

En efecto, el café es un estimulante del Sistema Nervioso Central. Esto se debe a la cafeína, un alcaloide natural, aislado en 1820 por el químico alemán Friedrich Ferdinand Runge. La ingestión de cafeína, treinta o sesenta minutos antes de acostarse alarga el tiempo de adormecimiento y disminuye la duración total del sueño.

La cafeína actúa muy rápidamente: absorbida por el tubo digestivo, se acumula en la sangre y ésta la transporta inmediatamente hacia los órganos y el sistema nervioso. En cinco minutos llega al cerebro. Ahí se fija sobre los receptores de la adenosina, poderoso regulador del sueño, desencadenando una cascada de reacciones químicas que prolongan el estado de alerta y aumentan la vigilia.

La concentración de la cafeína en la sangre alcanza un máximo una hora después de su ingestión. En unas 4 o 6 horas, la concentración ya ha disminuido a la mitad. El alcaloide es degradado en el hígado por una enzima (el citocromo) cuya acción se refuerza en presencia de ciertos medicamentos (antibióticos o sulfamidas) y de algunos hidrocarburos policíclicos del tabaco. Inversamente, el estradiol contenido en los anticonceptivos orales o ciertas clases de antiulcerales hacen más lenta la actividad de esta enzima. Entonces, la cafeína se queda más tiempo en la sangre y por lo tanto su efecto se prolonga. Esto explica que las mujeres embarazadas puedan sentir los efectos de la cafeína durante toda la jornada.

Es cierto que dejar de tomar café en forma abrupta puede causar dolores de cabeza, somnolencia e irritabilidad pero estos síntomas desaparecen de 24 a 48 horas después de la última toma. Por eso les duele la cabeza a los que dejan de tomar café durante el fin de semana: privados de la cafeína, los vasos sanguíneos del cerebro se dilatan aumentando la presión intracraneal que produce las cefaleas. Sin embargo, esta forma de dependencia no es para nada comparable con la generada por la nicotina, el alcohol y ciertas drogas.

La cafeína está presente en las hojas, las semillas y los frutos de más de 60 plantas, entre ellas el té, el cacao, el mate y la cola. Cuatro tazas de café aportan la misma cantidad de cafeína que 8 tazas de té, o 150 gramos de chocolate negro. La cafeína es parte de numerosos medicamentos, principalmente antimigrañosos, y estimulantes.

Dado que mejora la capacidad respiratoria y la duración del esfuerzo, la cafeína es considerada como un producto dopante y se le prohíbe en las competencias deportivas.

Poderoso caballero es Don Dinero

En la actualidad el mundo del café sufre una de las crisis más severas de su historia. ¿Las causas? El envejecimiento de los cafetos que tienen una vida productiva de alrededor de 50 años. Pero también, y sobre todo, un desequilibrio permanente entre la oferta y la demanda. Hay una sobreproducción que no corresponde con el consumo. En 2002-2003, se produjeron 7 millones de toneladas de café pero sólo se consumieron 6.5 millones de toneladas.

Hasta 1989 estuvo en vigor un convenio cafetero internacional para fijar las cuotas de exportación de café a escala mundial. Sin embargo, las naciones participantes no lograron firmar un nuevo pacto lo cual ha provocado un alza permanente del volumen de granos puestos en el mercado y la consecuente caída de los precios. La caída de las compras mundiales ha tenido repercusiones sobre la economía de los países productores. Para algunos de ellos los ingresos han bajado más del 50%. En Etiopía, por ejemplo, los ingresos de exportación bajaron de 257 a 149 millones de dólares, entre 1999 y 2000.

¡América y ya!

Sólo para evitar un malentendido: yo no le voy al Guadalajara.
Le voy al América.
Perdón.
Nadie es perfecto.

Sólo para evitar un malentendido: yo no le voy al Guadalajara.
Le voy al América.
Perdón.

¡Pega de locura!

¡Qué pegue!

No sé por qué él tenía tanto pegue. Indudablemente él era bien parecido pero aún así... Recuerdo un diálogo en una tardeada en los 70's. Éramos 4 o 5 amigos y, realmente, no conocíamos a nadie en la fiesta. Había una cancha de frontenis, un patio enorme y allá, en un rincón, un par de columpios. En uno de ellos, estaba la única una muchacha libre en todo el lugar. En el otro columpio no había nadie. De hecho no había nadie más en varios metros a la redonda. El pobre columpio de al lado era la imagen misma de la desolación. Él se acercó muy serio a ella y le preguntó con auténtica curiosidad, señalando hacia el triste y abandonado columpio: "¿Hay alguien sentado ahí?". Sólo él bailó esa tarde.

¡Qué conveniente es que existan los pegamentos! Si se nos rompe algo, buscamos el pegamento, lo aplicamos y... ¡asunto resuelto! No sé por qué —no hay ninguna razón—, cada vez que uso un pegamento supongo que se trata de un invento reciente como la televisión o las computadoras personales o los DVD's. Pero no, nada más falso. Ya, desde hace más de 40,000 años, se fabricaban y se usaban los pegamentos. Los más antiguos pegamentos conocidos fueron encontrados en Königsaue, Alemania, un sitio paleolítico donde se sabe que habitó el hombre de Neandertal. Se trata de unos pequeños agregados de color negro, los cuales

—luego de ser analizados químicamente— resultaron estar hechos de una especie de alquitrán obtenido de la brea del abedul. Nuestros primitivos antepasados lo fabricaron mediante el calentamiento controlado de la corteza. Todavía en el Neolítico, hace alrededor de 6,000 años se seguía usando este material[4] para pegar las puntas de las flechas, reparar las cerámicas y, más tarde, para impermeabilizar los recipientes y calafatear las canoas. En el Cercano Oriente, hace también unos 40,000 años, lo que se usaba como pegamento era el betún.

Poco a poco, los materiales naturales que se usaron como pegamento se fueron diversificando. En Europa se utilizaron las resinas de las coníferas y en el mundo mediterráneo, las resinas del pistache. Más tarde se empezaron a mezclar diversos materiales. Por ejemplo, a la brea del abedul, se le agregaba cera de abeja como plastificante, lo cual mejoraba sus propiedades adhesivas.

En la actualidad, los pegamentos sintéticos han sustituido a los antiguos pegamentos hechos de materiales naturales. Sin embargo, la técnica de fabricación de la brea del abedul sigue siendo transmitida en Finlandia, de generación en generación y usada en las fiestas tradicionales.

Cuestión de que haya química

Otro día. Otra fiesta. Los mismos 4 o 5 amigos. Nosotros, en un rincón, diciendo tonterías, viendo bailar a otros, con un cigarro en una mano y una cuba en la otra, tratando de parecer interesantes. Él no. Él llevaba horas platicando con una de las chicas más guapas de la fiesta. ¿Qué le dirá? ¿Cómo logrará tenerla tan interesada? ¿Qué le platicará? ¿De cine? ¿Ingmar Bergman? ¿Luis Buñuel? ¿Antonioni? ¿Visconti? ¿O quizá sobre la famosa trilogía de Passolini? No pude resistir la curiosidad y me acerqué. Él, orgulloso estudiante de vete-

---

4   Los materiales son las sustancias o mezclas de sustancias de lo que están hechas las cosas. Un material puede constar de una sola sustancia (el oro) o de muchas (el aire).

Todas las sustancias consisten de partículas. Éstas a su vez tienen una naturaleza eléctrica: los núcleos son la parte positiva y, los electrones, la negativa. Es la interacción eléctrica entre núcleos y electrones la que hace que los diferentes fragmentos de las partículas (los elementos químicos) tengan una determinada conectividad y le den a la partícula una cierta forma en el espacio. Dada su naturaleza eléctrica, una partícula puede interactuar eléctricamente con sus vecinas. Si dos partículas están lo suficientemente cerca, los núcleos de una atraen a los electrones de la otra y viceversa. El resultado neto es que las partículas se atraen, se acercan, por decir, "se pegan".

Son estas interacciones eléctricas entre partículas las responsables de los estados físicos de los materiales, de su solubilidad y, por supuesto, de sus propiedades adhesivas. En muchas partículas, la distribución de las cargas eléctricas es más o menos simétrica. Pero, en muchas otras la distribución es muy dispareja, tanto que se puede apreciar un polo positivo y un polo negativo (los aniones y cationes de una sustancia iónica son el colmo de la polaridad). A estas moléculas, con polos eléctricos, se les llama *moléculas polares*. A las que no tienen polos, se les llama —en un alarde de imaginación— *moléculas no polares*.

Cuando se habla de afinidad química, se refiere uno específicamente a afinidad en términos de polaridad: las moléculas polares tienden a interactuar con iones y con otras moléculas polares mientras que las moléculas no polares "prefieren" interactuar con otras no polares. Se dice que similar (en polaridad) tiene afinidad con similar (en polaridad): polar con polar y no polar con no polar. Así, la sal (formada por iones) y el azúcar (formada por moléculas polares) se disuelven fácilmente en agua (formada también por moléculas polares). Por eso, en la vida diaria cuando queremos decir que *hay afinidad* entre dos personas decimos que *hay química*.

En general, los pegamentos consisten de enormes moléculas (polímeros) interactuando con las moléculas de algún disolvente. Cuando éste se evapora, las moléculas poliméricas se encuentran y "se pegan" unas con otras pasando al estado sólido. Además, si se aplicó entre dos materiales (los que se pretende pegar), las moléculas del pegamento se adhieren a las de los materiales en cuestión.

También el físico cuenta

Claro que no sólo cuenta la afinidad química. La física también ayuda. Tomemos cualquier material —aunque no sea un buen adhesivo—, digamos: champú. Apliquemos una gota sobre una superficie lisa (una mesa), coloquemos encima de ella una placa transparente (la cubierta de un disco compacto) y hagamos presión. La gota se va a esparcir uniformemente hasta convertirse en una película delgadísima. El champú no es un pegamento. Tan es así que si intentáramos deslizar la cubierta hacia los lados, lo lograríamos con gran facilidad. Pero si, por el contrario, intentáramos levantar la placa, ésta se resistiría, adhiriéndose obstinadamente a la mesa. ¿Por qué? No es por las interacciones eléctricas entre partículas.

El champú es un material líquido. En los líquidos, igual que en los sólidos, las partículas están lo más cerca posible entre sí. Y tampoco se pueden alejar, precisamente porque se están atrayendo mutuamente debido a su naturaleza eléctrica. En otras palabras, ni se pueden comprimir, ni se pueden expandir ("sino todo lo contrario", como diría nuestro inolvidable ex–presidente don Luis Echeverría). Al tratar de levantar la cubierta, el champú tendría que expandirse (aumentar su volumen). Pero eso no ocurre. En vez de eso, se escurre hacia el centro dejando nada en su lugar. Sí, aunque se oiga feo: ¡nada! El hueco entre la mesa y la placa se queda vacío. ¡Con razón no podemos levantar la cubierta! En realidad, lo que estamos tratando de levantar es... ¡todo el aire que está encima de ella! Cuando, por fin, la logramos levantar es porque se mete aire entre la mesa y la placa y, entonces, al igualarse las presiones (abajo y arriba de la cubierta) entonces ahora sí lo que levantamos es sólo el peso de la placa y un poco la escasa resistencia del champú.

Alguna vez haciendo alusión a su extraordinaria capacidad para ligar, él simplemente me contestó: "Por supuesto que el físico… ¡pero también la química cuenta!"

La momia

La casa abandonada

Para un niño de 8 años, no hay nada mejor que tener un hermano mayor. Y no hay nada peor que a los hermanos mayores y a sus amigos les interesen las casas abandonadas. Allí, en nuestra propia colonia, entre familias comunes y corrientes, entre nosotros, ahí había una casa abandonada. Yo había pasado frente a ella miles de veces pero nunca la había visto. Un día, uno de los amigos de mi hermano, el que vivía más cerca de la misteriosa residencia, hizo la gran revelación:

"Hace muchos años aquí asesinaron a una niña de 2 años. La enterraron en el patio trasero de la casa. Dicen que se convirtió en una momia y que, desde entonces, espera pacientemente a que alguien entre para cobrar venganza por lo que a ella le hicieron. Por eso, nadie quiere vivir ahí. Por eso, nunca dejará de ser una terrorífica casa abandonada."

La primera momia

Según la leyenda, Osiris, rey de Egipto, viendo a su pueblo sumido en la barbarie, les enseñó a cultivar los campos y a cosechar los alimentos. Los instruyó para obtener vino y fabricar cerveza. Y, además, les enseñó a respetar a los dioses.

Seth, su hermano, lo odiaba. Envidiaba su poder, su grandeza y su popularidad. Mediante engaños, Seth encerró vivo a Osiris dentro de un cofre y luego lo arrojó al Nilo. Isis, esposa y hermana de Osiris, logró recuperar el cofre y esconderlo en los pantanos del Delta. Una noche, mientras cazaba jabalíes, Seth encontró el cofre. Encolerizado, lo abrió, tomó el cuerpo de Osiris y lo despedazó en 14 trozos que esparció por todo el Nilo para que sirviese de alimento a los cocodrilos.

Sin embargo, Isis recuperó, una por una, todas las partes del cuerpo de su amado. Lo reconstruyó, lo envolvió en lino y, con la ayuda de Anubis, lo embalsamó. Luego, Osiris resucitó y así se convirtió en el soberano del Reino de los Muertos.

La sal de después de la vida

Salir con mi hermano y con sus amigos, andar con ellos, oír sus bromas, escuchar sus anécdotas, hablar como ellos, hacer lo que ellos hacían. "Vamos a entrar" —dijeron. Yo, no dije ni hice nada. Me quedé impávido. "¿Tú también?" —y se me quedaron viendo con esa mirada que sólo espera una única respuesta: la confirmación de mi valentía.

Saltamos la reja, pasamos a través del vidrio roto. Oscuridad, humedad y telarañas. Silencio, mucho silencio. Y, de pronto... un grito:

¡Cuidado, ahí viene la momia!

Corrimos y corrimos sin parar. Cuando llegamos al mercado estábamos, además de asustados, completamente deshidratados. Ellos, reían como locos. Yo también me reía como si entre todos hubiéramos engañado a otro. Compramos refrescos y nos los bebimos de un solo golpe. Pero no, no había otro. Mientras iba entendiendo me le quedé viendo al puesto de enfrente. "¿Para qué le pondrán sal a la carne?" —me pregunté.

Una vez que morimos, las mismas bacterias que habitan en nuestros cuerpos son la que provocan nuestra descomposición. Dichas bacterias viven en el agua, por así decirlo. Por eso, cualquier proceso de momificación requiere de deshidratar perfectamente el cadáver. Y, para ello, se necesitan sustancias que tengan afinidad por el agua.

Todas las sustancias consisten de partículas (iones, átomos y moléculas). Éstas, a su vez, tienen una parte positiva (los núcleos) y otra negativa (los electrones). El hecho de que las partículas químicas posean partes eléctricas hace que puedan interactuar entre sí. Hay desde interacciones sumamente débiles —casi imperceptibles— entre moléculas totalmente neutras, hasta interacciones tan fuertes que provocan una reacción química que trae, como consecuencia, la formación de otras sustancias.

El agua es una sustancia que consiste de moléculas con extremos (polos) cargados eléctricamente. Por eso, se dice que consiste de moléculas polares. Esta característica hace que sus moléculas interactúen fuertemente con otras partículas (iones y otras moléculas polares).

Así, para remover el agua de un cadáver se requieren sustancias cuyas partículas atraigan las del agua. Las sustancias iónicas, en general, son afines al agua. Por eso se usa el cloruro de sodio, $NaCl$ (sal de mesa) como conservador para las carnes. En los laboratorios químicos, es común utilizar cloruro de calcio, $CaCl_2$, para evitar que se descompongan aquellos reactivos sensibles a la humedad. Sin embargo, la sustancia utilizada para retirar el agua de los cuerpos es principalmente el carbonato de sodio, Na_2CO_3, antiguamente llamado natrón.

Es probable que el arte de la momificación haya nacido accidentalmente de enterrar a sus muertos, en terrenos ricos en carbonato de sodio como los que se encuentran en diversas zonas desérticas de nuestro planeta. Los antiguos, al descubrir que los cuerpos allí enterrados se preservaban de manera natural, idearon después la manera de tratar los cuerpos para evitar su descomposición.

Los 70 días del faraón

Más de dos meses después, yo seguía imaginando como la Niña Momia me atrapaba, me partía lentamente en cachitos y luego esparcía mis restos desde la Jardín Balbuena hasta el aeropuerto de la ciudad de México. Había decidido no hacerle caso a mi hermano, nunca más.

Uno de esos días, Vinicio se acercó y, con una voz casi inaudible, me susurró: "Hoy a las 8, vamos a volver a entrar".

En el antiguo Egipto, la muerte del faraón inauguraba un periodo de 70 días donde la rutina diaria se interrumpía. Por 70 días nadie se bañaba, ni bebía vino, ni hacía el amor ni comía carne. Mientras tanto, el cuerpo del faraón era preparado y momificado.

El primer paso era la extracción del cerebro. Con un gancho de metal lo sacaban trozo por trozo. El cerebro no era considerado algo importante por los antiguos egipcios. Así, una vez extraído, simplemente lo desechaban. Luego, con un poco de lino en la punta del gancho, limpiaban el cráneo por dentro hasta eliminar todos los residuos de tejido y de humedad.

El siguiente paso era extraer y preservar los órganos internos. Dado que los egipcios creían que los muertos usarían sus cuerpos en el más allá, era crucial hacer el menor daño posible en el cuerpo. Así, los órganos eran extraídos a través de un pequeño corte en el abdomen de apenas unos 8 cm como máximo. Según Herodoto, esta primera incisión se llevaba a cabo mediante la "piedra etíope" que muy probablemente se refería a la obsidiana. Los órganos extraídos eran depositados en recipientes de cerámica y cubiertos con carbonato de sodio. El corazón, considerado el órgano donde residían el pensamiento y el alma, era dejado dentro de la caja torácica.

Para que al resucitar en su otra vida, el cuerpo conservara su forma original debieron de haber rellenado el cuerpo con combinaciones de distintos materiales como aserrín, líquenes, paja, arena y trapos. Estos rellenos, además, servían para absorber los malos olores, la poca humedad que quedara y para acelerar la desecación.

Todo el cuerpo era mantenido en carbonato de sodio durante 35 días y expuesto (ya sin natrón) otros 35 días. En la última etapa, el cuerpo era frotado con tiras de lino impregnadas en un aceite que contenía incienso, mirra, cedro, loto y vino de palma. Estos materiales poseían intensas fragancias, servían como impermeabilizantes, y además algunos de ellos poseían cierta capacidad bactericida.

Yo no estaba ahí por gusto. Pero no me quedaba de otra: tenía que estar. Esta vez, el asunto parecía ser en serio. Nadie hacía bromas. Nadie fanfarroneaba. Algo me decía que no era correcto lo que estábamos haciendo. Los haces de luz de nuestras lámparas surcaban las sombras. De pronto, nos pareció ver algo. Todas las linternas apuntaron hacia el mismo punto. El corazón me dio un vuelco. Era el cuerpo pálido de una niña. De una pequeña niñita, de dos años quizá. No sé por qué no nos echamos a correr. No sé por qué permanecimos tan tranquilos. Un hilo delgado pendía por la parte de atrás de lo que parecía ser su vestidito. Alguien intentó jalarla de dicho hilo.
"¡Quiero mi leche!"—dijo, con voz empalagosa, la muñeca Lilí.

Érase una vez durante la Gran Explosión...

Todo cabe en un jarrito sabiéndolo acomodar

¿Por qué guarda uno tantos tiliches? ¿Para qué? Ni los usa uno ni nada. Pero, eso sí, hay que guardarlos en algún lugar. Y eso... ¡no es nada fácil! Cada cosa es de distinto tamaño y de diferente forma. Al final, algo no cabe, algo siempre se queda afuera.

Por eso, no deja de sorprenderme que todo, pero todo, lo que podemos observar del Universo, hace unos 13,700 millones de años, estaba concentrado en una esferita de 10^{-35} m de radio (es decir, un radio que medía... ¡la milsixtillonésima parte de un metro!). Supongo que vivir ahí era un tanto difícil. No sólo por la falta de espacio sino también por el intenso calor que hacía: una temperatura de 10^{32} kelvins (algo así como... ¡100 sixtillones de grados!).

Esto no quiere decir que el Universo fuera de ese tamaño sino que este embrión o "átomo primitivo", al expandirse, dio lugar a esta esfera de... ¡casi 130 mil trillones de km! que es nuestro Universo actual y que, por cierto, se sigue expandiendo.

Tampoco quiere decir que fue precisamente en ese instante cuando nació el Universo. No, en realidad, el Universo nació antes. Bueno, un poquitito antes. Más bien, un poquititititito antes. Exactamente 10^{-43} segundos antes de que el embrión tuviera el tamaño mencionado. Entre el nacimiento del Universo y esta diezseptillonésima de segundo —llamado el *tiempo de Planck*—, no se puede describir nada. Los ingleses Stephen Hawking y Roger Penrose, en los años 1970, demostraron que cualquier modelo del *Big Bang* llevaba a una "singularidad", un suceso imposible de describir por la física actual ya que las ecuaciones correspondientes están llenas de términos infinitos que los físicos no saben cómo interpretarlos.

Aún así, hay quien se ha atrevido a tratar de interpretar esta singularidad. Por ejemplo, Gabriela Veneziano del *College de France* considera que en la singularidad, la noción de espacio desaparece... pero no la del tiempo. Esto querría decir que bien podría haber un "antes del *Big Bang*."

Una millonésima de segundo después, el Universo ya se había enfriado a 10 billones de grados kelvin (lo cual todavía es... muy caliente!). A esa temperatura y en ese momento se formaron los protones y los neutrones. Antes no existieron. Sólo había una mezcla de partículas elementales: electrones, neutrinos y quarks interactuando entre sí.

Unos segundos después, el Universo ya se había enfriado a 10 mil millones de grados kelvin. Sólo entonces fue posible que se formaran los primeros núcleos atómicos, es decir, que se juntaran varios protones y neutrones en una sola entidad. Pero para que los electrones y los núcleos se ensamblaran para formar los primeros átomos, fue necesario que la temperatura descendiera hasta 3,000 K. Para eso, tuvo que pasar, ahora sí, muchísimo tiempo: ¡380,000 años!. Este momento fue clave porque una vez que los electrones quedaron unidos a los núcleos, la luz que interactuaba con ellos cuando estaban sueltos simplemente se siguió de frente a lo largo y ancho de todo el universo. La detección de esta radiación de fondo en nuestros días es la evidencia más importante a favor de la teoría del *Big Bang*.

Finalmente, las primeras estrellas se formaron 400 millones de años más tarde y las primeras galaxias mil años después del principio del *Big Bang*.

No hay grande sin chiquito

Planetas, estrellas, galaxias, el Universo entero. No se puede pensar más en grande. Estamos hablando, literalmente, de dimensiones astronómicas. Se trata de números gigantescos: distancias, masas, tamaños, temperaturas... ¡todo en cantidades tales que es imposible imaginarlas! Bueno, pues para explicar todo eso, para describirlo se requiere pensar en chiquito. Pero no en iones, moléculas o átomos. Ni siquiera en núcleos. Tenemos que pensar en términos de fotones, de quarks, de gluones, de neutrinos y, eso sí, de electrones.

Los ladrillitos del Universo

Vale la pena, entonces, hablar un poco de esas maravillosas partículas que, sueltas o en paquetitos, constituyen todo lo que llamamos materia: las partículas elementales también llamadas *fermiones* en honor al físico italiano Enrico Fermi. Los fermiones interactúan entre sí intercambiando una especie de partículas, los *bosones* (llamados así en honor al físico indio Satyendranath Bose). Los bosones son partículas asociadas con lo que comúnmente llamamos energía (campos de interacción, para los físicos) más que a la materia. Por ejemplo, las interacciones electromagnéticas entre objetos cargados ocurren mediante el intercambio de pequeños pulsos de radiación electromagnética, un tipo de bosones llamados *fotones*.

Hay tres familias de fermiones. Pero, sin lugar a dudas, la que más nos importa es la primera[5] porque sus miembros son los que constituyen a los iones, moléculas y átomos de las sustancias ordinarias. Se trata de los leptones (electrones y neutrinos) —insensibles a las interacciones nucleares fuertes— y de los quarks *up* y *down* (constituyentes de los protones y neutrones de los núcleos atómicos).

---

5   Hay otras partículas elementales pero sólo se observan durante las reacciones nucleares y las desintegraciones radiactivas.

Tabla 1. Los fermiones, constituyentes de la materia ordinaria.	
Leptones	**Quarks**
Electrón (e)	*Up* (*u*)
Neutrino electrónico, (ne)	*Down* (*d*)

Los electrones tienen una masa de una quintillonésima de kg (10^{-30} kg) y una carga de menos de una trillonésima de *coulomb* (1.6 x 10^{-19} C). Sin embargo, los quarks tienen todavía menos carga que los electrones. Los quarks *up* tienen 2/3 de la carga de un electrón. Mientras que los quarks *down* tienen sólo 1/3 de la del electrón. Los neutrinos electrónicos, como su nombre lo indica, tienen carga eléctrica igual a cero. Los quarks no existen en estado libre sino que se encuentran confinados en los protones y los neutrones de los núcleos atómicos. Cada protón y cada neutrón está formados por tres quarks. Los protones por dos *up* y un *down* (*uud*) mientras que los neutrones por un *up* y dos *down* (*udd*). Por cierto, los quarks se mantienen unidos en los protones y neutrones mediante el intercambio de otro tipo de bosones: los *gluones*.

De reversa, mami

Y no queda de otra más que regresar de lo chiquito a lo grandote. Explicar lo *giga* con lo *nano*: los increíbles gigantes no son más que muchísimos enanos —no menos increíbles que aquellos— organizados de una manera sumamente compleja. En los primeros segundos, no había más que partículas elementales sueltas (quarks y neutrinos, fotones y electrones). Durante 380 mil años, los átomos, las moléculas y los iones, no eran más que una esperanza, un sueño. Sólo había una infinidad núcleos y electrones danzando al ritmo de las atracciones y las repulsiones eléctricas. Hoy, aquí en el planeta Tierra, con estas temperaturas y estas presiones moderadas (pequeñas, en realidad) tenemos eso y más: sustancias, materiales, objetos y seres. Moléculas y células, microorganismos y dinosaurios, lémures y *Homo sapiens*.

¿Y luego?

Parece increíble que sin habernos movido de nuestro pequeño planeta ni haber viajado en el tiempo sepamos tanto y con tanto detalle acerca de la evolución del Universo. Tiene que ver con la naturaleza de la ciencia. Primero, se trata de una actividad humana colectiva. La teoría del *Big Bang* se ha ido construyendo entre muchos y durante mucho tiempo. De hecho, existen varios modelos del *Big Bang*... ¡casi tantos como investigadores en el área! Lo que hoy sabemos sobre el tema ha sido un constante ir y venir entre experimentos y teorías. También es cierto que hay modelos alternativos totalmente ajenos a la teoría del *Big Bang*. Aún así, falta mucho por saber. ¿Qué pasó en los primeros 10^{-45} s? ¿Qué hubo antes del *Big Bang*? ¿Hay otros universos paralelos al nuestro? ¿Es eterno el Universo? ¿Se va detener la expansión alguna vez?

Reducción anti-egoísta

Pero, no nos creamos tanto. En el fondo, no somos más que un amasijo de quarks y electrones.

¡Ah!, pero eso sí, muy bien ordenaditos.

Gotas de lluvia siguen cayendo en mi cabeza

Atracción fatal

Ella, indiferente pero coqueta, hojeaba distraídamente su revista. Él, indefenso, no podía dejar de mirarla. ¿Qué fuerza misteriosa lo mantenía atado a ella? ¿Qué clase de imán tan poderoso había detrás de sus bellos y arrogantes ojos azules? Ella, segura de su poder de seducción, sabedora de la atracción que era capaz de generar, musitó con dulzura una inocente pregunta: ¿me llevas a Venecia?

A final de cuentas, las moléculas de agua se atraen entre sí. De hecho, todas las partículas químicas (iones, moléculas o átomos), si están lo suficientemente cerca, se atraen. Esto es debido a su naturaleza eléctrica: tienen unas partes positivas que son los núcleos y otras partes negativas que son los electrones. Cuando dos partículas se acercan mucho, los núcleos de una atraen a los electrones de la otra y viceversa. Por supuesto que hay repulsión entre los núcleos de las dos partículas y, por supuesto, también sus respectivos electrones se repelen. Sin embargo, las atracciones siempre predominan sobre las repulsiones. Resultado: las partículas químicas siempre se atraen.

El agua es una sustancia rara: en condiciones ambientales (los valores de presión y temperatura que imperan en la superficie terrestre) el agua es... ¡líquida! Esto es extraño porque otras sustancias, como el metano y el amoniaco, cuyas moléculas son parecidas en tamaño y en masa a las del agua son sustancias gaseosas. Las moléculas de agua contienen tres núcleos: uno de oxígeno y dos de hidrógeno. De ahí que su fórmula química sea H_2O. Estos núcleos están interactuando eléctricamente con 10 electrones. Dos de ellos están muy fuertemente atraídos por el núcleo de oxígeno. Dos están entre el oxígeno y un hidrógeno, otros dos entre el oxígeno y el otro hidrógeno y, finalmente, los otros cuatro están prácticamente sólo interactuando con el oxígeno.

No se sabe de qué tamaño son los electrones ni qué forma tienen ni cómo se mueven. Pero sí se sabe que se mueven en regiones inmensamente grandes a escala molecular. Para dar una idea de las extrañas dimensiones que se encuentran adentro de las partículas químicas se puede pensar en lo siguiente: si los núcleos tuvieran un centímetro de diámetro, la distancia entre un hidrógeno y un oxígeno sería de... ¡un kilómetro! Y los dos electrones con los que interactúan estarían moviéndose (y ocupando) todo ese kilómetro.

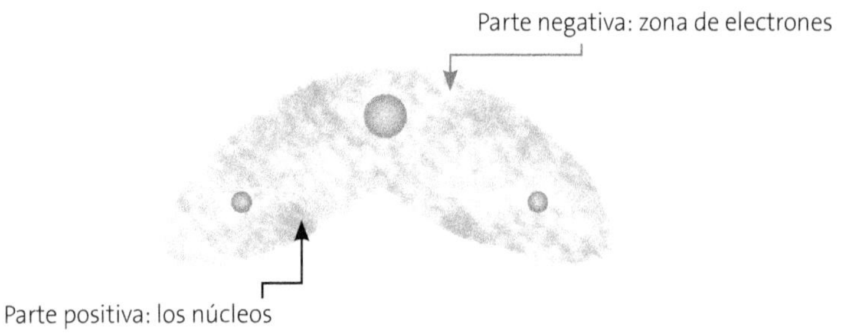

Figura 1. Las moléculas de agua, al igual que cualquier otra partícula química, tienen una parte positiva (los núcleos) y una negativa (los electrones).

Sin embargo, dichos electrones no están bien distribuidos entre el oxígeno y los hidrógenos. La verdad es que se mueven en regiones más cercanas al oxígeno que a los hidrógenos. La consecuencia es que cerca del oxígeno sobra un poquito de carga negativa mientras que cerca de los hidrógenos lo que sobra es un poquito de carga positiva. Es decir, aunque son neutras, las moléculas presentan un extremo negativo (el oxígeno) y otro positivo (los hidrógenos). Se dice que es una molécula polar. Esta polaridad es la que hace que se atraigan entre sí con más intensidad de la esperada.

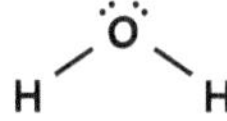

Figura 2. Representación de Lewis de una molécula de agua. En este tipo de representación, las letras representan a los distintos núcleos y sus electrones internos; cada raya representa a dos electrones interactuando eléctricamente con dos núcleos; y cada punto a un electrón interactuando con un solo núcleo

En el mar, la vida es más sabrosa

Ella, con la cara radiante y una sonrisa cautivadora, viendo desde el barco cómo, casi sin sentirlo, la increíble Venecia se le acercaba. "El mar —pronunció musicalmente— qué lindo es, ¿no?." Él, absorto, sin tener una idea clara del lugar donde se encontraba, emulaba a Javier Solís: "Y sin embargo tus ojos azules, azul que tienen el cielo y el mar."

Lo que ocurre en el agua, a nivel molecular, no es tan tranquilo como parece. Las moléculas se están jaloneando constantemente debido a las atracciones eléctricas entre polos opuestos. Chocan, son atrapadas, se mueven, arrastran y son arrastradas. Si una cae, todas las demás se caen también. A veces los choques son tan violentos que se arrancan un pedazo: eventualmente una molécula de agua es capaz de arrancarle un hidrógeno a otra, quedando, en vez de las dos moléculas de agua, un ion *hidronio*, H_3O^+, y un ion *hidróxido*, OH^-. Aunque esto no es tan frecuente: sólo una de cada 10 millones de moléculas de agua está disociada de esta manera. En el agua pura, la cantidad de iones *hidróxido* y de iones *hidronio* forzosamente es la misma. En cambio, en las soluciones ácidas hay más hidronios que hidróxidos. Y, al revés, en las soluciones básicas hay más hidróxidos que hidronios. El pH es una medida de cuántos iones hidronio (por cada litro) hay en una cierta muestra. Si el pH es menor que 7, la solución es ácida. Si es mayor que 7 se trata de una solución básica. Obviamente un pH exactamente igual a 7 habla de una solución neutra.

Son gotas de lluvia

La góndola, el cantante, los canales y una lluvia ligera. Él la abraza, se aproxima, acerca sus labios a los de ella. Ella, emocionada, murmura: "Quiero conocer el David de Miguel Ángel... en Florencia". Él suspira. Ella, perspicaz, lo comprende: "La lluvia... qué hermosa, ¿no?"

Ojalá sólo lloviera agua. Si el aire está contaminado, al caer el agua se puede encontrar con algunas de esas sustancias contaminantes y reaccionar con ellas. En las zonas urbanas o altamente industrializadas, el aire contiene una cantidad considerable de óxidos de nitrógeno y de azufre (las principales fuentes emisoras de estos contaminantes son las centrales térmicas). Y el agua puede reaccionar con ellos para formar una solución diluida de *ácido nítrico*, HNO_3, y *ácido sulfúrico*, H_2SO_4 los cuales se disocian fácilmente liberando muchos iones *hidronio* y dando lugar a una precipitación de muy bajo pH, es decir, muy ácida:

$$3\,H_2O + 2\,NO_2 \rightleftharpoons \mathbf{HNO_3} + HNO_2 + 2\,H_2O \rightleftharpoons 2\,\mathbf{H_3O^+} + NO_3{-} + NO_2{-}$$

$$2\,H_2O + SO_3 \rightleftharpoons \mathbf{H_2SO_4} + H_2O \rightleftharpoons \mathbf{H_3O^+} + HSO_4{-}$$

La lluvia, de por sí, es un poquito ácida de manera natural (un pH ligeramente ácido de 5.6) porque el agua reacciona con el dióxido de carbono del aire y forma *ácido carbónico*, el cual en solución se disocia liberando también unos cuantos iones *hidronio*:

$$2\,H_2O + CO_2 \rightleftharpoons \mathbf{H_2CO_3} + H_2O \rightleftharpoons \mathbf{H_3O^+} + HCO_3{-}$$

Por lo tanto, se considera lluvia ácida aquella que presenta un pH menor que 5.

Sal y agua, nuestro idilio se volvió
David en la plaza de la Señoría de Florencia, triste, deslavado, con las facciones borrosas. Ella, confusa, decepcionada, tristísima. Él, adorándola desconcertado.

La lluvia ácida provoca graves efectos ambientales. La acidificación de lagos, ríos y mares dificulta el desarrollo de vida acuática en estas aguas aumentando en gran medida la mortandad de los peces. Igualmente, afecta directamente a la vegetación, produciendo daños importantes en las zonas forestales, así como acabando con microorganismos fijadores de nitrógeno.

La lluvia ácida también puede dañar los monumentos y edificaciones construidas con mármol o caliza. Lo que ocurre es que los ácidos disueltos en la lluvia reaccionan con el carbonato de calcio, $CaCO_3$, (constituyente mayoritario del mármol y la caliza) obteniéndose sulfato de calcio, $CaSO_4$, una sustancia muy soluble en agua. La reacción correspondiente es:

$$H_2SO_4 + CaCO_3 \rightleftarrows CaSO_4 + H_2O + CO_2$$

Lo que se observa a simple vista es que se va deshaciendo el monumento. Industriales y gobiernos asesorados por científicos tendrán que buscar y encontrar pronto una solución a este preocupante problema ambiental que pone en peligro el futuro de la humanidad.

Y, sin embargo, tus ojos azules...
David, el verdadero (no la réplica), en la Academia de Bellas Artes de Florencia: ¡soberbio! Ella, dos y tres vueltas a su alrededor y otras dos vueltas más y otras y otras: ¡extasiada! "Parece que está vivo", musitaba. Él admirando la belleza: las manos firmes y bien delineadas,

las piernas desnudas de una estética perfecta, el torso esculpido con precisión, el pecho erguido con arrogancia, el pelo negro azabache y sus infinitos ojos azules: mitad mar, mitad cielo.

A la pálida luz de una vela

Él, triste, bajo la débil luz de una vela, saca una hoja de papel, una pluma, y garabatea un amasijo de palabras que, iluso, pretenden ser un poema. Él, abatido, quisiera tener en ese instante los poderes de Neruda: "Oír la noche inmensa, más inmensa sin ella." Él, solo, inconstante, olvida a Neruda, olvida el papel, abandona el poema. Sus ojos melancólicos se desvían. Ella, arrogante, irradia una hipnótica mirada desde el azul imposible de la flama.

¿Quién no se ha quedado absorto mirando el fuego? ¿Quién no ha sido víctima del poder hipnótico de una vela? ¿Quién no ha sido seducido por los colores cambiantes de una flama? Si se observa con cuidado una vela encendida, se puede apreciar que la flama tiene tres partes distintas: una azul, una amarillo oscuro y otra amarillo brillante.

La zona azul es la parte más caliente de la flama. En esta zona, la parafina reacciona muy eficientemente con el oxígeno dando lugar a la formación de agua, y dióxido de carbono. Al ser prácticamente completa la combustión en esta zona, la cantidad de energía que se libera es la mayor posible. Esto hace que se alcance una temperatura del orden de los 1,400 °C. De hecho, las estufas de gas y los mecheros Bunsen de los laboratorios de química —que requieren generar altas temperaturas— están diseñados para producir flamas azules (muy calientes).

La temperatura es un indicador de la energía con que se mueven las moléculas. En la zona azul de la flama, la temperatura es tan elevada —o, dicho de otro modo, las moléculas se mueven con tanta energía— que las moléculas (al chocar violentamente entre sí) se rompen, dando lugar a iones y electrones por separado. A este conglomerado de especies cargadas se le llama plasma. No sólo en el fuego la materia está en forma de plasma, también en el Sol y en las regiones que son atravesadas por los relámpagos.

La zona más oscura se encuentra en la parte más interna de la flama. Esta región es la más fría. Ahí la temperatura es tan sólo de unos 800 °C. Al contrario de la zona azul, aquí mucho del vapor de parafina se queda sin quemar. Esto es debido a que en esta región hay muy poco oxígeno disponible. En otras palabras la parafina no tiene con quien reaccionar.

La zona amarillo brillante es la más grande y visible de la flama. Su temperatura es intermedia entre las de las otras dos zonas: alrededor de los 1,200 °C. En esta zona, la falta de calor y oxígeno provoca que la parafina reaccione de otra manera: en vez de formarse agua y dióxido de carbono se forma hollín (a esa temperatura, átomos de carbono sueltos). Se trata, pues, de una combustión incompleta.

El color amarillo brillante de la flama es debido a la incandescencia de las partículas de carbón. La incandescencia ocurre cuando un material sólido es calentado hasta tal punto que empieza a emitir luz. A diferencia de lo que ocurre en la combustión, en la incandescencia no hay un cambio químico, es decir, no se forma ninguna otra sustancia. El filamento de los focos no se quema, sólo emite luz.

La forma típica de las flamas es debida al fenómeno de convección. Al calentarse, el aire que está cerca de la flama se expande y, por lo tanto, se hace menos denso. Entonces, el aire frío y más denso de los alrededores empuja hacia arriba al aire caliente y más denso, dándole a la flama esa forma característica de "pera" o de "gota".

Ya se han hecho —en los vuelos espaciales— experimentos con velas a gravedad cero. Las flamas producidas son esféricas y duran encendidas apenas un escaso minuto. A pesar de haber suficiente oxígeno, debido a la falta de gravedad, no hay convección. Como resultado, se acumula dióxido de carbono alrededor de la flama y, dado que no hay convección, no hay ningún mecanismo que provoque que el dióxido de carbono se aleje. Entonces, rápidamente, la flama se extingue. La convección sólo ocurre cuando se tiene una capa de aire "pesado" (atraído por la gravedad) que desplace hacia arriba al aire "más ligero".

Él, hechizado por la ilusión de esos ojos azules que titilan desde el interior de la llama. Ella, sus ojos, se transforma en flama, en gota, en guitarra. Ojos que se vuelven cadera, flama que se convierte en mujer. Él, nostálgico, evoca el pasado. Él y ella, entrelazados, disueltos uno en la otra, confundidos en uno solo, aquella noche entre aquellas velas.

La humanidad ha usado las velas desde hace unos 5,000 años. El uso de la parafina como combustible es muy reciente. A través de los tiempos, las velas se han fabricado con diversos materiales: cera de abeja, grasa de buey, pescado seco y muchos otros. En los siglos XVIII y XIX, las velas se hacían de *espermaceti*, un aceite extraído de unas cavidades gigantescas que tienen los cachalotes en la cabeza. De una sola de estas ballenas, era posible obtener hasta tres toneladas de aceite.

El descubrimiento de la parafina a mediados del siglo XIX revolucionó la fabricación de las velas. La parafina es un subproducto de la destilación del petróleo. En la actualidad, prácticamente todas las velas son de parafina. En química, la palabra parafina es un sinónimo de la palabra alcanos. El gas de los pantanos (el metano), el gas de las estufas (una mezcla de propano y butano) y el octano que se usa como referencia de calidad para las gasolinas son, todos ellos, ejemplos de alcanos. Sin embargo, la parafina de las velas se refiere a una mezcla de hidrocarburos sólidos con más de 20 átomos de carbono por molécula.

En el funcionamiento de una vela, la presencia del pabilo es crucial. El pabilo generalmente está hecho de fibras de algodón o de *nylon*. Para que el pabilo no se queme debe ser tratado con un retardante de flama. Además, se le agregan una variedad de sustancias para asegurar que el pabilo se mantenga rígido mientras está encendido.

Inclusive, en las velas de cumpleaños, al pabilo se le agrega magnesio. El magnesio se inflama a una temperatura bajísima de 430 °C. Por eso una pequeña brasa en el pabilo puede inflamar al magnesio, el cual, a su vez, re-enciende la vela.

El pabilo sirve para proporcionar el combustible. Al entrar en contacto con la flama de un cerillo, transmite calor hasta la superficie de la parafina. Con el aumento de temperatura, la parafina se funde, es decir, se hace líquida. El pequeño charco de cera fundida que se forma es lo que mantiene la vela encendida.

La cera tiene que estar en estado líquido para ascender a través del pabilo y, entonces, sufrir la combustión. El líquido asciende, por capilaridad, a través del pabilo. Todas las partículas de interés químico (iones, moléculas y átomos) tienen una naturaleza eléctrica con partes positivas (los núcleos) y partes negativas (los electrones). Una consecuencia de esto es que partículas vecinas pueden interactuar eléctricamente entre sí. En el fenómeno de capilaridad, las moléculas de la parafina se atraen entre sí y, además, son atraídas por las partículas del tubo (en este caso, el pabilo). La resultante de estas atracciones hace que el líquido ascienda.

Al llegar a la parte de arriba del pabilo y entrar en contacto con la flama del cerillo, la cera líquida se evapora. La combustión ocurre cuando las moléculas de parafina en fase gaseosa reaccionan con las moléculas de oxígeno produciendo, ahora sí, la flama de la vela.

Una reacción química es un proceso en el que unas sustancias se forman a partir de otras. La combustión es una reacción química en la que una sustancia (llamada combustible) reacciona con oxígeno, liberando mucha energía en forma de luz y calor. En el lenguaje cotidiano, nos referimos a las combustiones simplemente señalando que "algo se está quemando".

En el caso de la vela —como ya se había señalado antes—, la reacción entre la parafina y el oxígeno da lugar a la formación de agua y dióxido de carbono, dos sustancias sumamente estables. Al pasar de sustancias no tan estables (la parafina y el oxígeno) a unas muy estables (el agua y el dióxido de carbono), se libera una enorme cantidad de energía. Esta energía se manifiesta en forma de luz y calor, los dos grandes beneficios del fuego. Lo que Prometeo les robó a los dioses fue, precisamente, la increíble y fascinante reacción de combustión.

Toc, toc.

Ella.

Él, incrédulo, se despabila. Ella entra. Vaporosa, voluptuosa, sublime. Él es parafina. Ella es oxígeno. La habitación se enciende. La noche se ilumina. La temperatura se desborda. Se produce agua y dióxido de carbono.

Él y ella... ¡desaparecen!

El uranio: una pizca de Cielo en la Tierra

El cielo en la tierra

Grecia. No ésta, la real, sino aquélla mágica donde los dioses se mez-
claban con los mortales. En aquella Grecia, Urano, el cielo, acudía
cada noche a cubrir la tierra y, así, unirse a Gea. Los hijos mayores
de esta pareja divina fueron los poderosos titanes y las hermosas
titánides. Pero los hijos menores, resultaron ser unos monstruos es-
pantosos: los cíclopes, gigantes de un solo ojo, y los hecatónquiros,
gigantes de cien brazos y cincuenta cabezas.

El uranio es un elemento muy terrenal. En 1789, el químico pru-
siano Martin Klaproth logró aislar de la *pechblenda* un óxido al
que le dio el nombre de *Urano*, en homenaje al séptimo planeta
descubierto, siete años antes, por el músico y astrónomo inglés
William Herschel. Cincuenta años más tarde, el químico francés
Eugène Péligot obtuvo a partir del urano un nuevo elemento al
que le dio el nombre de *uranio*.

Cada átomo de uranio consiste de un núcleo positivo con 92
protones (positivos) interactuando eléctricamente con 92 electrones (negativos). Dentro de los núcleos, los protones y los neutrones se atraen entre sí mediante las llamadas fuerzas nucleares.
Éstas son las fuerzas más grandes de la naturaleza aunque son de
muy corto alcance. A distancias mayores a una mil billonésima
de metro (10^{-15} m), su efecto es casi nulo. En el caso particular

del uranio, la presencia de 92 cargas positivas en un espacio tan pequeño hace que las fuerzas eléctricas de repulsión lleguen a ser mayores que las fuerzas de atracción nuclear. Como consecuencia, los núcleos de uranio no son estables sino que se desintegran espontáneamente emitiendo diferentes tipos de radiación.

Así como existe una pequeña fracción de seres humanos con cada ojo de distinto color, así también para los elementos, existe una pequeña fracción de átomos con un número distinto de neutrones. A los átomos de un mismo elemento pero con diferente número de neutrones se les llama *isótopos*. Los isótopos se distinguen mediante el número de *nucleones* (protones, p, más neutrones, n). En el uranio, 99.3% corresponde a uranio–238 y 0.7% a uranio–235. Ambos isótopos son radiactivos. El uranio–238 decae a plomo–206 mientras que el uranio–235 decae a plomo–207. Ambos procesos son sumamente lentos. El primero requiere de... ¡4,500 millones de años! para que la mitad de sus núcleos se desintegren. El tiempo de vida media del segundo es de... ¡700 millones de años!

Crono, el hijo de Urano

Urano, avergonzado de ellos, los encerró en el Tártaro, el mundo de las profundidades y la oscuridad. Gea, madre de amor incondicional, incitó a los titanes (entre ellos, el valiente Crono) contra su padre. Urano logró encerrarlos también en el Tártaro. Gea, madre más que amorosa, acudió a rescatarlos con las bellas titánides. Apenas liberados, ingratos y celosos de su belleza, los cíclopes atacaron a los titanes, y los hecatónquiros a las titánides. Gea, amorosa madre desengañada, tuvo que encerrar, por su cuenta y para siempre, a los cíclopes y los hecatónquiros.

El uranio es el cronómetro de la geología. Midiendo cuánto uranio–238 y plomo–206 (o uranio–235 y plomo–207) hay en las rocas se puede saber el tiempo que ha transcurrido desde que dichas rocas se formaron. De este modo, se pudo saber que las rocas más viejas de este planeta tienen cerca de 4 mil millones de años de estar ahí. y que la Tierra tuvo que haberse formado hace unos 4,550 millones de años.

Tánatos, el hijo de Urano

Gea, esposa impregnada de rencor, quiso (por segunda vez) vengarse de Urano. Sólo Crono estuvo dispuesto a apoyar a su madre. Crono encontró a Urano en brazos de Nix, la noche, —con la que había engendrado a Tánatos y a Hipnos. Tánatos era una criatura de una oscuridad escalofriante. Dicen que, cada noche, los gemelos discutían quién de los dos se llevaría al siguiente hombre. Hipnos, a la muerte nocturna. Tánatos, al sueño eterno.

En la naturaleza, los núcleos de uranio son los que tienen el mayor número de protones. El uranio es el último elemento natural de la Tabla Periódica. Sin embargo, en 1934, al físico italiano Enrico Fermi se le ocurrió bombardear uranio–235 con neutrones para generar un protón extra y formar así un elemento con más protones. No ocurrió exactamente así. Los físicos alemanes Fritz Strassman y Otto Hahn descubrieron que, en ciertos casos, en vez de obtener un núcleo más pesado, el núcleo de uranio–235 se rompía en dos fragmentos más ligeros (kriptón–91 y bario–142, por ejemplo) liberando 2 o 3 neutrones. Este proceso de fisión (ruptura) produce una enorme cantidad de energía. Los protones y los neutrones no están atraídos con la misma fuerza en el uranio–235 que en los fragmentos que se forman luego de la fisión. Esta diferencia en la *energía de amarre* equivale a una cantidad de energía considerable. Para colmo, dado que cada uranio–235 produce 2 o 3 neutrones, se genera una reacción en cadena que multiplica la cantidad de energía producida. La fisión nuclear de 1 g de uranio–235 produce la misma cantidad de energía que la explosión de 30 000 kg de trinitrotolueno (TNT).

Dado que sólo el escaso uranio–235 es fisionable, se requiere enriquecer la muestra en uranio–235 (y empobrecerla en uranio

238). Mediante ultracentrifugación, se logra producir un uranio con más del 90 % de U–235. Este uranio (de calidad militar) es el que se utiliza para fabricar armas nucleares. Otro tipo de bomba nuclear es la de plutonio–239. A diferencia del uranio, el plutonio casi no existe en estado natural. Se obtiene a partir de uranio–238, lo cual implica un proceso mucho más costoso que el del enriquecimiento del uranio. La bomba lanzada sobre Hiroshima en 1945 era de uranio–235 mientras que la de Nagasaki fue de plutonio–239. Este momento de la historia representa, sin lugar a dudas, la más grande victoria de Tánatos.

Eros, el nieto de Urano

Crono castró a Urano con una hoz de pedernal y, luego, arrojó sus genitales al mar. Éstos, indiscutiblemente prolíficos, al caer produjeron una espuma de la que nació, ya adulta, la bella Afrodita. Sin embargo, más tarde, la hermosa diva tuvo un hijo que encarnaba, no sólo la fuerza del amor erótico, sino también el impulso creativo de la siempre floreciente naturaleza, la luz primigenia que es responsable de la creación y el orden de todas las cosas en el cosmos: el alado Eros.

Sin embargo, la energía nuclear es una de las principales alternativas para enfrentar la pronta desaparición del petróleo. No importa cuánto tiempo tenga que pasar. Al final, Eros tendrá que derrotar a Tánatos.

Bactericidio en primer grado

¡Claro que no es cloro!

Vacaciones de verano. El club deportivo en el corazón de la acha-
cosa ciudad de México. Ella, esposa desesperada. Él, niño imberbe,
insoportable.

—Bueno, ya nos vamos, m'ijo. Ya vete saliendo de la alberca...
Ella vuelve a sonreír y continúa la plática con su amiga.
—Bueno, pues fíjate que... bla, bla, bla...
Él, impertérrito, nadando alegremente, sin prisa, sordo, indife-
rente.
Ella, vuelve a dejar de sonreír y arremete:
—¿Qué no me oyes? Te dije que te salieras... ¡ya! En este instante.
¡Vas a ver con tu papá!
Él, desganado, envuelto en una toalla, despreocupado, tararean-
do una canción, sin siquiera voltear a ver a su madre, se encamina
hacia los baños.
—¡Ah! Y te enjuagas bien, ¿eh?
—Sí, má.
—¡En serio!, no estoy jugando, ¿Qué no ves que esta alberca tie-
ne muchísimo cloro?
Otra vez la magia, la metamorfosis: dulcísima, coqueta, entra-
ñable, se dirige a su amiga.
—Ay, amiga, de veras es increíble...bla, bla, bla...

En realidad, no es el cloro[6], tal cual, el que mata las bacterias de las albercas. El verdadero desinfectante de las albercas es otra sustancia llamada *ácido clórico (I)* (alias el ácido hipocloroso) cuya fórmula es HClO. Se dice que contiene cloro porque, en efecto, para desinfectar las albercas (sobre todo las que son muy grandes) se acostumbra burbujear cloro en ellas. Sin embargo, el cloro es tan reactivo que reacciona con el agua de la alberca produciendo precisamente ácido hipocloroso y ácido clorhídrico.

El ácido hipocloroso es una sustancia muy oxidante y es justamente esta capacidad para oxidar otras sustancias la que lo hace útil como desinfectante. En suficiente cantidad, el ácido hipocloroso oxida las proteínas que contienen azufre hasta descomponerlas totalmente. En este sentido, el HClO termina siendo un veneno brutal para las bacterias.

Equilibrio dinámico

—¡Está insoportable! ¡No hace caso! ¡No se apura! Es berrinchudo, grosero. Siempre le digo que tiene que ser más equilibrado, más centrado... Oye, amiga, te platiqué que... bla, bla, bla...

La presencia del ácido hipocloroso en las albercas es un asunto de equilibrio. Más bien de equilibrios. Y es que el ácido hipocloroso participa en varios procesos:

El de su formación a partir de cloro, Cl_2, y agua, H_2O:

$$Cl_2 + H_2O \rightleftarrows HClO + HCl$$

El de la disociación ácida (que está relacionado con el pH[7] o índice de acidez):

$$HClO \rightleftarrows ClO^- + H^+$$

---

6   El cloro es un gas amarillo verdoso, sumamente reactivo, de fórmula Cl_2.

7   El pH se refiere a la cantidad de iones H^+ en solución. A menor pH, mayor cantidad de H^+ y, por lo tanto, mayor acidez.

El del ataque ácido al cemento[8] de la alberca:

$$2\ H^+ + CaCO_3 \leftrightharpoons Ca^{2+} + CO_2 + H_2O$$

El de la descomposición del ácido hipocloroso por efecto de la luz del Sol:

$$2\ HClO \leftrightharpoons 2\ HCl + O_2$$

Todos estos procesos son reversibles. Esto quiere decir, que las sustancias que se encuentran a la izquierda de las flechas reaccionan entre sí para formar las de la derecha. Pero también —¡y esto es lo más importante!— que las sustancias recién formadas (las que están a la derecha de las flechas) también reaccionan entre sí para formar las de la izquierda. Por eso, las dos flechas apuntando en sentidos opuestos, para indicar que el proceso va y viene.

Va y viene, viene y va... hasta alcanzar un equilibrio. Al principio, va a una velocidad y viene a otra. Va y viene, a distintas velocidades. Pero poco a poco, se van igualando las dos velocidades (la de ida y la de regreso). Cuando se igualan (cuando la velocidad en un sentido y la velocidad en el otro son iguales) es precisamente cuando se alcanza el equilibrio.

Una vez alcanzado el equilibrio, parece que ya no cambia nada y que la reacción ya se terminó. Pero no es cierto, constantemente se siguen formando tanto productos (a la derecha de las flechas) como reactivos (a la izquierda de las flechas). Sólo que, como las dos cosas ocurren a la misma velocidad, las cantidades ya no se modifican. Es decir, la proporción de reactivos y productos ya no cambia con el tiempo. Se trata de un equilibrio dinámico.

En la naturaleza (y en las relaciones sociales) abundan los equilibrios dinámicos. Por ejemplo, la cantidad de ñúes en la sabana africana depende de la cantidad de leones y viceversa. Su-

---

8   El cemento es una mezcla de arcilla y piedra caliza (cuyo componente principal es el carbonato de calcio, $CaCO_3$).

pongamos que las poblaciones de ñúes y de leones alcanzan un equilibrio cuando la proporción es aproximadamente de 35 a 1. Constantemente mueren tanto leones como ñúes pero el sistema se autorregula solito y se vuelve a equilibrar. Si en algún momento hay más de 35 ñúes por león, las terribles fieras tendrán más oportunidad de cazar y pronto la población de ñúes disminuirá hasta regresar a la proporción de 35 a 1. Por el contrario, si la proporción de ñúes por león es menor a 35, querrá decir que los felinos están en apuros pues no hay suficiente alimento para todos. En estas condiciones mueren más leones que ñúes, vuelve a aumentar la población de ñúes y, una vez más, se restablece la proporción de 35 ungulados por cada carnívoro. Se trata de un equilibrio dinámico.

Bajo esta lógica, para el adecuado mantenimiento de las albercas se requiere tomar medidas muy finas y precisas. Por ejemplo, la acidez del agua no puede ser ni muy baja ni muy alta. Si la acidez es poca, se produce la disociación del ácido hipocloroso impidiéndose así la acción desinfectante. Y si la acidez es mucha, el piso y las paredes de la alberca se empiezan... ¡a corroer! Para evitar ambos problemas, se requiere mantener el valor del pH entre 7.4 y 7.5, es decir, un poquito más básico que el agua neutra (pH = 7[9]). Para aumentar la acidez, se puede agregar ácido clorhídrico, HCl, y para disminuirla, carbonato de sodio, Na_2CO_3.

Un día muy soleado

—*Ay amiga, qué lindo día nos tocó: ¡soleado como pocos! Me la pasé súp... ¡Mira a este escuincle! ¿Desde qué horas saliste? ¿Guardaste toda tu ropa? ¿No olvidaste nada en los baños? ¿Te enjuagaste bien como te dije? ¿Te bañaste?*

—No, Má.

—¡Qué! ¿Cómo que no? ¿Por qué no?

—Me dio flojera, má.

---

9   La escala de pH es una escala logarítmica que va de 0 a 14. Debajo de 7 se trata de soluciones ácidas mientras que arriba de 7 de soluciones básicas.

Si el ácido hipocloroso es veneno para las bacterias, el Sol es veneno para el ácido hipocloroso. En un día muy soleado, la luz solar puede destruir el 90 % del ácido hipocloroso en tan sólo... ¡dos horas! Por eso es necesario agregarle un protector, en este caso, una sustancia llamada *ácido cianúrico*, $C_3H_3N_3O_3$. El *ácido cianúrico* reacciona con el hipocloroso para dar agua y unos derivados clorados del ácido cianúrico (que se venden comercialmente con los nombres Dichlor y Trichlor).

Como esta reacción también es reversible, el Dichlor y el Trichlor van soltando el ácido hipocloroso conforme se va necesitando, evitando así que esté expuesto a la luz solar y, por lo tanto, su consiguiente descomposición.

De hecho, en las albercas de casas privadas, en vez de burbujear cloro, Cl_2, se agrega directamente Dichlor o Trichlor ya que, debido al equilibrio químico, éstos sirven al mismo tiempo como fuente de ácido hipocloroso y como protector frente a la descomposición solar.

Aparte de su uso como desinfectante de albercas, el Dichlor se utiliza ampliamente como desinfectante de biberones y de material de enfermería. Se puede conseguir en forma granular, en tabletas o como polvo efervescente.

¡Huele mucho a cloro!

—¡Escuincle condenado! ¡Cómo que no te bañaste! ¿Qué no ves que le ponen mucho cloro? ¿Qué no hueles? ¡Huele muchísimo a cloro!

No es cloro. De hecho, el típico olor a "cloro" de las piscinas no es el olor del Cl_2 sino el de la monocloroamina, NH_2Cl, la cual se produce a partir de la reacción del ácido hipocloroso con amoniaco, NH_3. Pero... ¿de dónde sale el amoniaco? Seguramente de la descomposición de la orina y del sudor.

—Bueno, ya, ándale, pasa a la pipí y ya nos vamos... ¡Ándale, ve a hacer pipí!... ¿Ya hiciste pipí?

—*Sí, má.*
—*¿A qué hora hiciste pipí, grosero?*
—*Este... hace rato.*

Referencias

Son tus perjúmenes, mujer (*El Financiero*. 19 de febrero de 1996, 44.)

Pobrecitos, los marines (*Investigación y Desarrollo* (suplemento de *La Jornada*), núm. 43, año V, p 2, dic. 1996.)

Vibración de cocuyos (*Investigación y Desarrollo* (suplemento de *La Jornada*), núm. 45, año VI, p. 6, febrero 1997.)

Bloqueadores de Sol (*Horizontes*, 1997, 2 (4) 24–27)

Los ciento y pico de años del electrón (*Horizontes*, 1998, 3 (5) 17–19)

¡La dulce vida! (*Horizontes*, 1998, 3 (6) 5–8)

La insoportable levedad del electrón (*¿Cómo ves?*, 1999, 1 (4) 12–13)

La química al fin del milenio (*Horizontes*, 1999, 4 (8) 9–13)

¡Qué sabrosa la cerveza! (*Horizontes*, 1999, 4 (8) 9–13)

NO, el mensajero del amor (*Horizontes*, 2000, 5 (9) 9–11)

Michael Jordan, un tipo con mucha química (*¿Cómo ves?*, 2000, 2 (24) 17–19)

Elemental, mi querido Watson (*Horizontes* 2000, 5 (10) 35–39)

Aceite de piedra (*Horizontes* 2001, 6 (11) 21–26)

Antes de Escherichia (*Horizontes* 2002, 7 (13))

1. Luisi, P., *La Recherche*, 2000, (336) 25-29.
2. Ourisson, G., Dannenmuller, O., Désaubry, L., Nakatani, Y., Devienne, M., *La Recherche*, 2000, (336) 29-31.
3. Forterre, P., *La Recherche*, 2000, (336) 34-39.

¡Sabor! (*Horizontes* 2002, 7 (14) 24–27)

Oro por cuentas de vidrio (*Horizontes* 2003, 8 (15) 32–37)

4. Kolb, K. E., Kolb, D. K., *J. Chem. Educ.* 2000, *77*, 812-816.
5. López, T.; Martínez, A., *El mundo mágico del vidrio*. Colección "La Ciencia desde México" Núm. 137. Fondo de Cultura Económica, 1994, México, D. F.
6. Chamizo, J. A., *¿Cómo ves?*, 1999, *1* (4), 26-28.

Amor y Paz (*Horizontes* 2003, 8 (16) 40–46)

7. Ehrenberg, A. (dir.) *Drogues et medicaments psychotropes, le trouble des frontières*, Editions Esprit, Le Seuil, 1998.
8. Richard, D., Senon, J-L., *Dictionnaire des drogues, des toxicomanies et dedependences*, Larousse, 1999.

9. Richard, D., *Les drogues*, coll. «Dominos», Flamarion, 1995.

10. Lebeau, B., *La Recherche*, Núm. 365, junio 2003, 83.

11. Lebeau, B., *La Drogue*, coll. «Idées reçues», Le cavalier bleu, 2002.

¡Acapulco en la azotea! (*Horizontes* 2004, 9 (17) 49–56)

12. Timmerman, A., *La Recherche.*, Núm. 368, octobre 2003, 36-40.

13. Van der Donck, J. C. *et al.*, *Tenside Surf. Det.*, 1998, *35*, 119.

14. Ginn, M. E., Harris, J. C., *J. Amer. Oil Chemists' Soc.*, 1961, *38*, 605.

15. Preston, W. C., *J. Phys. & Colloid Chem.*, 1948, *52*, 84.

16. www.cleaning101.com.

17. www.aise-net.org.

Las cuentas claras y el chocolate espeso (*Horizontes* 2004, 9 (18) 44–50)

18. Tannenbaum, G., *J. Chem.Educ.*, 2004, *81*, (8) 1131-1135.

19. Beckett, S. T., *The Science of Chocolate*, The Royal Society of Chemistry, Cambridge, UK, 2000.

20. Tannenbaum, G., *Lessons in Chocolate*. Flinn Scientific Batavia, IL, 1993.

21. Coe, S. D., *Coe., M. D., The True History of Chocolate*. Thames and Hudson, London, 1996.

22. Minifie, B. W., *Chocolate,Cocoa and Cofectionary: Science and Technology*, 2nd. Ed. AVIPublishing Company, Inc. Wesport, CT, 1982.

Si no... ¡me pongo muy nervioso! (*Horizontes* 2005, 10 (19) 47–54)

23. Lemarchand, F., *Le café, La Recherche*, 2004, 91, (371) 91-94.

24. Reid, T. R. *"La droga perfecta", National Geographic* en español, enero, 2005, 2-32.

25. Montagnon, C., *Cafés: terroirs et qualités*, Cirad, 2003.

26. http://www.cirad.fr/fr/dossier/cafe/index.html.

27. Malpica, K. *Cafeína*. http://www.mind-surf.net/drogas/cafeina.htm.

¡Pega de locura! (*Sonárida* 2005, 10 (20) 54-59)

28. Gay, C., Regert, M. *La colle, La Recherche*, 2003, (368) 85-88.

29. Gay, C., Leibler, L., *Physics Today*, 1999 (52) 48.

30. www.crpp–bordeaux.cnrs.fr/~cgay/adhesion.php.

31. http://lclark.edu/~autumm/climbing/climb.html.

La momia (*Sonárida* 2006, 11 (21) 48-52)

32. Marston, W., *"Making a modern mummy"*, *Discover*, 2000, (21), 3, 70-75.

33. http://www.egiptomania.com/mitologia/momificacion.htm.

Érase una vez durante la Gran Explosión (*Sonárida* 2006, 11 (22) 58-62)

34. Baruch, J-O, Binetruy, P., *Le Big Bang, La Recherche*, mayo 2006, (397), 75-78.

Gotas de lluvia sobre mi cabeza (*Sonárida* 2007, 12 (23) 52-56)

35. Goss, L. M. A, *"Demonstration of Acid Rain and Lake Acidification"*, *J. Chem. Educ.*, 2003, 80, 39-40.

36. Spencer, J. N., Bodner, G. M., Rickard, L. H., *Química. Estructura y dinámica*, CECSA, México, 2000.

37. Halstead, J. A. *"Rain, Lakes, and Streams-Investigating Acidity and Buffering Capacity in the Environment"*, *J. Chem. Educ.* 1997, 74, 1456A-1456B.

38. Chang, R., *Química.*, McGraw-Hill Interamericana de México, S. A. de C. V, México, 1992.

39. Charola, A. E., *"Acid Rain Effects on Stone Monuments"*, *J. Chem*. Educ., 1987, 64, 436-437.

A la pálida luz de una vela (*Sonárida* 2007, 12 (23) 52-56)

40. Rohrig, B., *"The captivating chemistry of candles"*. *ChemMatters*, diciembre 2007, 4-7.

41. Faraday, Michael, *The Chemical History of a Candle*, The Viking Press: New York, NY, 1960.

42. Highfield, Roger, *The Physics of Christmas*, Little, Brown, & Company, Boston, MA, 1998.

43. http://boomeria.org/labschem/candleobserv.html.

44. http://en.wikipedi.org/wiki/Candle.

El uranio: una pizca de cielo en la Tierra (*Sonárida* 2008, 13 (26) 40–44)

45. Marie Christine de La Souchère, *"L'uranium"*, *La Recherche*, abril, 2006, 75-78.

46. Pierre Morvan, *Nucléaire: les chemins de l'uranium*, Ellipses, 2004.

47. Bernard Bonin, Étienne Klein, Jean-Marc Cavedon, *Moi, U235, atome radioactif,* Flammarion, 2001.
48. Horacio García, *La bomba y sus hombres,* ADN Editores, 1997.
49. Virgilio Acosta, *Essentials of Modern Physics,* Harper & Row., 1973.

Bactericidio en primer grado (*Sonárida* 2010, 15 (29) 45–50)

50. Salter, C., Langhus, D. L., *J. Chem. Educ.,* 2007, *84*, 1124–1128.
51. Hardee, J. R., Long, J., Otts J., *J. Chem. Educ.,* 2002, *79*, 633–634.
52. Bieron, J. F., McCarthy, P. J., Kermis, T. W., *J. Chem. Educ.,* 1996, *73*, 1021-1022.
53. Clyde, D. D., *J. Chem. Educ.,* 1988, 65, 911.
54. DeWindt, E. A., *J. Chem. Educ.,* 1936, *13*, 576.